セジュ】

チュール

パリ・モードの歴史

フランソワ＝マリー・グロー著
中川高行／柳嶋周訳
鈴木桜子監修

白水社

目次

序文

フランス・クチュール〔注文服〕・コンフェクション〔既製服〕組合が発足した一八六八年当時、服飾店はどこも二つの相互補完的な専門技術を持っていた。一つはお客の注文を受けてクチュール作品を制作する技術、もう一つは前もって「新作既製服」を製造しておく技術である。女性の縫い子たちは、服飾店がオフシーズンに入ると、既製服の縫製工場に仕事を求めたりしていた。

一九一〇年十二月、クチュール部門はアブキール通りに新たに本拠地を設置、これによってクチュール部門は、服飾業界の中での自立を果たした。以降二つの職種は別々に独自の発展を遂げることになる。クチュールはより高級でクリエイティブなものに向かい、世界の富裕な洗練された人びとを顧客とした。一方既製服は、流行とは無縁の、安価な服を求める労働者たちを客としていった。一九三九年当時、既製服の輸出先は、フランス植民地に限られていたのである。

一九四八年、クリスチャン・ディオールがライセンス契約という方式を考案し、高級ブランドの拠点分散に着手すると、かつてディオールのアシスタントを務めていたピエール・カルダン、イヴ・サン＝ローランも、相次いでこの方式を取り入れた。やがてフランスのクチュリエ〔デザイナー〕たちは皆、その例に倣《なら》うようになった。

二〇年後、既製服製造所は生産拠点を第三世界〔発展途上国〕へ移す。

一九七三年、フランス・クチュール・プレタポルテ連盟は、再びクチュールとプレタポルテ〔高級既製服〕を同一の職業機構の中に統合した。技術的側面には目をつぶり、両者の創造性を考慮したのである。その結果、こんにちほとんどの有名ブランドが、フランス・クチュールおよびクチュリエとクレアトゥールのプレタポルテ連盟に加盟することになった。

技術も進化した。一九五〇年代半ばまで、フランス人女性の七五パーセントは注文服を着ていた。だが、その後ほとんどの人が既製服に乗りかえてしまった。一九三〇年代には三〇万人を数えたクチュールで働く女性労働者は、徐々に既製服製造の方へ移り、それに伴って既製服の質と創造性は年々向上した。クチュールのメゾンがプレタポルテ部門を持つのと同様に、プレタポルテのクレアトゥール〔クリエーター〕の中にもクチュール部門を設立する人びとが現われた。二十世紀初頭のように、両者は再び同一ブランド、あるいは同一会社の枠内で両立可能な専門技術、一企業の両面となった。大《グラン》クチュリエやクレアトゥールは、またもやフランスの有力な輸出の担い手となったのである。既製服製造会社の上部構造をなすクチュールは、競争力に優れたフランス・ブランドの特性を担い、またプレタポルテや香水の銘柄もそのことでアドバンテージを得ている。

本書は、以上のようなモードの変遷の過程が豊富な資料を駆使して総合的にまとめ上げられた、フランソワ＝マリー・グロー氏の労作である。本書がちょうど二十一世紀の幕開けに合わせて書かれたことも、氏の分析の妥当性を高めることになっている。私は本書に序文を寄せるよう依頼されたことを大変光栄に思っている。古くからある、最も伝統的な意味でのオートクチュールは、時の流れに抗して存続していくであろう、との持論を表明する機会を与えられたからだ。

ディディエ・グランバック

フランス・クチュールおよびクチュリエとクレアトゥールのプレタポルテ連盟会長、パリ・クチュール組合会長

序章

「帆船よりもっとアナクロニックで、もっと多くの夢を積み込んだものは何か?、オートクチュール……」（ジャン・ボードリヤール、「モードとコードの夢幻劇」／「トラヴェルス」誌、パリ・一九七六年）

オートクチュールは、われわれの集団的、個人的な想像《イマジネール》の中から生まれる。それは美の表象であり、豪奢の具現化であり、夢そのものである。

確かにオートクチュールでは最高の布地が用いられ、この上なく美しい人びとがそれにたずさわり、最高級の場所が用意される。ショーが始まる。壮麗な音楽が鳴り響き、人びとに静寂を要求する。目をうばう美しい女性がステージに現われる。人びとの視線はいっせいに彼女に集中する。彼女は前に進む。観客の目には別世界、非現実の存在だ。フラッシュが焚かれる。最前列には有名女優や有力者が席を占めている。完全なる静寂。オートクチュールは、美や富、権力、知的・感覚的快楽など、ありとあらゆるものが与えられる不思議の国の夢である。

オートクチュールはまた経済活動でもある。なぜかというと、この夢は売ることのできるものであって、事実よく売れるのである。確かにオートクチュール自体の売り上げは副次的になりつつあるのだが、作品の向こうに、プレタポルテから一連の化粧品まで、成功すれば莫大な利益をもたらしてくれる意想外のものを含む派生商品を、オートクチュールのメゾンは幅広く提供している。

また、オートクチュールは、ここに登場する男や女、アーティストたちの物語でもあり、クチュリエたちの出自や経歴がきわめて多様であることも、この職業の普遍的性格を示している。彼らのたどる道、創造的ひらめきの源泉、時に正反対なコンセプト、才能の多様性、これらは、まさしく芸術と称すべきこの職業の財産に他ならない。

第一章　オートクチュールの夢と現実

Ⅰ　夢

オートクチュールは、第一に、富裕層の顧客に最高級の仕立服を提供する職人的活動である。だが、オートクチュールはまたかけがえのないモードの実験室でもあり、社会のトレンドを映す鏡という役割をも担っている。そしてメディアによる大々的な報道は、人びとをオートクチュールの夢の世界へと誘い出す。オートクチュールが贅沢を提供する対象は一部の人びとにすぎないが、与えてくれる夢を楽しむことは誰にでも可能だ。

1　限られた人びとのための贅沢――オートクチュール・メゾンとその顧客

(A)オートクチュール・メゾンの組織

メゾンの中心にいるのはもちろんクチュリエ〔デザイナー、女性形はクチュリエール〕であり、男性なら

「メートル」、女性なら「マドモワゼル」と呼ばれ、この人たちによってコレクションは命を吹き込まれる。クチュリエの仕事といってもさまざまで、ジャック・ファットのオクタビオ・ピツァロのような、単なるスタイル監督もいれば、ピエール・カルダンのように、メゾンの創設者であり、スティリスト〔プレタポルテのデザイナー〕であり経営者であるという例もある。コレクションのクロッキー画を描くだけで満足するか、モデル作品の制作に直接かかわるかは、各クチュリエの流儀によって異なる。シャルル＝フレデリック・ウォルトのように、試着、裁断、縫製などの作業を指揮し、時にはみずからハサミや針を手にしたり、ミシンをかけたりしながら、アトリエ中を飛び回るクチュリエも少なくない。クチュリエを支えるのがアシスタント、デシナトゥール〔デッサン画家、メゾンによってはデザイナーを兼ねる〕やモデリスト〔モデル作品を作る人、メゾンによってはデザイナーを兼ねる〕などで編成されるチームである。彼らの仕事の範囲は、単なる決められた作業の実行だけというものから、コレクション制作の一部、またはそのすべてに及ぶケースまである。

多くのスタッフに助けを借りながら、技術的労苦をできる限り軽減し、みずからは創作活動に専念するというのがクチュリエの理想である。アトリエ主任（プルミエ・ダトリエ）は、クチュリエの作成したクロッキー画とモデル作品制作に必要な指示に基づいて仕事を始め、マヌカン〔ファッションモデル〕を使い試着、および寸法直しも行なう。衣装が完成するまでの全過程に責任を負うアトリエ主任は、注文品の制作から引き渡しにまで携わり、ショーのリハーサル期間中にも手を休める暇はない。アトリエ主任には高い資質が要求されるのである。「優れたアトリエ主任は、装いの細部やその意味を感じなければならない。（中略）この才能に欠けるアトリエ主任はなんの役にも立たない。また、顧客に対し優位性を持ち、絶対の信頼感を彼らに植え付けるためには、自分の職種の何たるかを知り尽くしていなければならない。さらに、柔和な性格や天使のような忍耐力を持つ必要もある。たとえば、長時間の直立不動を強いられて困憊した顧客が、苛立ったり、泣いたり、挙句の果てには激怒してドレスを引き裂いたりする光景は、私などもいくつかのメゾンの試着室で目撃しているのだが、とても描写できるものではない」（P・ポワレ『時代を着せて』、一九七四年、グラセ）とポール・ポワレはいっている。

アトリエ主任の他には、その指揮下で働く「プティット・マン」と呼ばれる人たちがいる。アトリエ副主任、一級、二級の上級針子、一級、二級の初級針子、普通の見習い針子、新入りの見習いなどこれらの人びとは皆、クチュールのメゾンにとって欠かすことのできない人たちだ。他に「生地の購入・受け取り、刺繍や裁縫材料の発注のほか、注文品の制作に必要なものすべてをアトリエに提供する」管理・運搬係がいる。

そして機転が求められるサロン主任の女性は、客を迎え入れ、衣装の基本的な方向付けを担当する。そのサロン主任のもとで働くのが売り子（ヴァンドゥーズ）たち。給料の少なくとも一部を手数料から得る、厳密な意味では商人であるこの売り子たちは、接客、アドバイス、制作、試着、寸法直し、受け渡しまでをこなす。ポワレは彼女たちには相当辛辣な人だったようであり、「お客の好みを導き、その選択になんらかの影響を与えられる者はほとんどいない」というのも「彼女たちが相手にする女性のほとんどは、自分が魅力的になるにはどうしたらよいのか、またどんなものが自分に似合うのか、ということを長年研究してきた人たちなのだ」（P・ポワレ『時代を着せて』、一九七四年、グラセ）と述べている。お客の信頼を得るためには、売り子たちも、ましてやサロンの女性主任も、買い手と同じ社会環境に育っていることが理想であり、実際イヴ・サン＝ローランなどのように、顧客の娘を売り子として雇うクチュリエさえ出てきている。

マヌカンはクチュリエによって個人的に選ばれるのであるが、彼女たちの果たす役割は大きい。「痩身で背が高く、美しい……など、マヌカンに必須とされるすべての資質」（L・ルボー『モデルの国にて』、一九二八年、エディシオン・ドゥ・フランス）に加えて、「優秀なマヌカンは、街用のドレスを着る時は、気取らず、きびきびとしたまさにパリジェンヌに、少女用のドレスの時は初々しい乙女に、ダンス・パーティー用のドレスでは高慢で挑発的な女にと、代わる代わるその役を演じることができなければならない。だが、すべてのモデル作品に相応しい歩き方や表情をとることができる、ということもさることながら、自分も同じくらいすてきに着こなせるかもしれない、という幻想を買い手に抱かせる才能は、それ以上に大切である」（A・アレクサンドル『針の女王たち』、一九〇二年、テオフィル・ブラン）。シャネルのイネス・ド・フレサンジュのように、独占契約を結ぶトップモデルの存在も生地や針と同様に必要不可欠で、彼女らがあってこそショーは輝きを放つのだ。初の紳士服コレクションの発表に学生を起用して歩かせたピエール・カルダンのように、あえて初心者や風変わりなマヌカンが選ばれる場合は話が別である。また、試着室（キャビン・クチュール）のマヌカンは、バイヤーや個人のお客に披露するに先立ち、モデル作品を試着するのが仕事である。

すべての商業会社がそうであるように、クチュール・メゾンの健全な経営にも、古典的な企業経営業務に携わる人びとが必要である。営業担当者、財務管理担当者、会計士、広報担当者などである。最後に、例外もあるが、プレタポルテ部門、ライセンス部門、アクセサリー部門、香水部門の運営は、一般的にクチュール・メゾンとは法律上別の組織に委託される。

(B)客層とその変遷

クチュール本来の販路は個人である。オートクチュール・メゾンは、パリ・クチュール組合の規定により、春・夏（一月下旬）および秋・冬（七月下旬）、年二回のコレクション発表ショーを、メゾン間の合議によって決められた日程に従い、パリで開催している。その対象は個人客である。これらは、プロの専門家によって演出される演劇やオペラにも匹敵する本格的なショーであって、成功を確実なものにするのに、何事も美しすぎるということはない。世界の有名トップモデルや、スポーツ界のスター選手、映画界のトップスターなどが、最高級の会場（カルーゼル・デュ・ルーヴル、ルーヴル宮、装飾美術協会、グランドホテル、インターコンチネンタルホテル、ホテル・リッツ、ブロンニアール宮殿、ガブリエル館、ガリエラ・モード博物館など）に集結し、縦列行進を行なうのだ。観客の喝采の中、マヌカンたちがおよそ一時間のあいだに、相次いで舞台に登場する。観客席を占めるのは、あらかじめ厳選された人びとで、顧客や世界中から駆けつけたファッション・ジャーナリスト、カメラマンたちである。ショーの終了後、顧客はクチュール・メゾンの試着室に必ず殺到する。顧客は①コレクションのために用意された豪華な場所の一つに入るため人をかき分けて進み、②その場に到着するや、作品の中から一着を選んで試着し、③今しがた映画スターの熱い手に触れられたばかりの作品を購入する許可を得なければならない。その後、顧客は忍耐強く、仮縫いのために何度も足を運ばなければならないが、それは、自分ひとりだけに合うサイズの服を制作してもらうためだから当然である。「デパートでウェディングドレスを買うことに比べれば、やや煩雑で、時間もかかり、値段も張るかもしれない。しかし、その価値は充分にある」。要するに、「他に秀でたドレスを着用し注目されるためには、お札の詰まった財布さえあればよい。それを着てご自宅に戻るなら、誰からも真正なるパリ・モードの新作であることを直ちに認めてもらえるだろう」（P・ドイチェマン「どうやってディオールのオリジナルを買うか」、雑誌『ホリデー』、一九五五年一月）。

しかし四〜一〇万フランのスーツや、三五〜四〇万フランのイブニング・ドレスを買うことのできる女性とは、どんな人だろうか。あらゆる階層から富裕な女性を選ぶとすると、次の三つのカテゴリーに分類できるだろう。まず映画スターや芸能人、次に世界の大富豪、そして最後に王侯貴族である。

一九五〇年代にクリスチャン・ディオールの客となった主な人びとは、モナコのグレース妃、ユーゴスラビア妃、マーガレット妃、ウィンザー公爵夫人、パリ伯爵夫人、ブルトゥイユ伯爵夫人、ジョフロワ・ド・クルセル男爵夫人、ヴァンサン・オリオール夫人、エバ・ペロン、グレタ・ガルボ、ローレン・バコール、イングリッド・バーグマン、エヴァ・ガードナー、ジジ・ジャンメール、リタ・ヘイワース、マドレーヌ・ルノー、エドウィージュ・フイエール、マレーネ・ディートリッヒ、エディット・ピアフ、ニアルコス夫人などである。また一九九九年のディオール・メゾンは、ユーゴスラビアのヘレナ妃、ギリシャのマリー・シャンタル妃、フェイ・ダナウェイ、シガニー・ウィーバー、メラニー・グリフィス、ニコール・キッドマン、イザベル・アジャーニ、ファニー・アルダン、マドンナなどから注文を受けた。しかし、クチュールの顧客は減少の一途をたどっている。とくに高級プレタポルテ《プレタポルテ・デュ・リュクス》の台頭および発展が見られたここ数十年の落ち込みは著しい。一九四三年には二万人を数えたオートクチュールの顧客は七〇年には二〇〇〇人、九〇年には二〇〇人になった。他に、宣伝を目的に無料で服を提供される女性がいることも、指摘しておくべきだろう。一九三〇年代には、モンゴメリー伯爵夫人がシャネルとパトゥの服を、ジャン・ド・ポリニャック伯爵夫人がランヴァンの服を、ロペス・ウィルショー夫人がスキャパレリとチャールズ・ジェームズの服数着を、ボーナスとして付与されている。この慣行は今も存続している。

既製服産業界・流通業界のバイヤーも長期にわたって重要な顧客であった。オートクチュールは初期の段階から、さまざまな形態(完成品、布地、型紙、デザイン画)で、複製権つきの作品の販路を世界中に、とりわけアメリカに得ていた。それは既製服製造業者が、そこから着想を得た作品づくりができるようにするためであるが、ブランド名の使用は、特別な合意がない限り認めていない。アメリカの既製服製造業者や百貨店は、一九〇〇年代から六〇年代にかけて、フランスのオートクチュール作品を大量に扱う、オートクチュール最初期の販路の一つだった。こうした顧客は、もちろんいまも存在するが、周辺に追いやられている。というのも、いまやクチュールのメゾンは、みずから、またはライセンス契約を通して、さまざまなレベルのプレタポルテのラインを揃えるようになり、利益率で彼らを上回る直接の競合相手となっているからだ。

地方や海外のデザイナーたちも、自身の顧客用に複製するためモデルを購入している（同じ理由で衰退傾向にある）。地方のデザイナーたちは、コピー製品の根絶を目的として成立した一九四五年の協定により、クチュール連盟の庇護のもと、複製品を製造することを許されるようになり、同様に、海外からも（主としてヨーロッパ）、アイデアを得るため、あるいは複製品を作るため、デザイナーたちがフランスのオートクチュール作品を買い求めに訪れる場合もある。

2　人びとの夢―オートクチュール、その社会的役割

(A)モードの実験室

「モデル作品は、保守性と同時に、意外性も持ち合わせていなければなりません。衣服としての規範は尊重しますが、装いとしては傲岸《ごうがん》さというものも、あえて見せなければならないのです。モデル作

品は伝統の中にありながら、大胆さを表現しているのです」（クリスチャン・ディオール）。長期にわたり、この果敢さを実践してきたのは、オートクチュールのみであった。一世紀のあいだ（およそ一八六〇年代から一九六〇年代まで）、大《グラン》クチュリエたちは、意のままにモードを作り、作ったかと思えば意のままに壊してきた。シーズン毎にクチュリエたちによって示されさまざまなる新しい傾向は、彼らの普遍的使命同様に異議を差し挟まれることもなく、新しい流れを作っていった。このような独占的な権力を手中にしていたからこそオートクチュールは、社会に対して服飾的進化への服従を命じることができたのであり、それに驚いたり反対したりすることなど、誰にもできないのであった。たとえばココ・シャネルは、「政府の閣僚などよりも古くから、議会なしで統治する女性である。彼女は年に四〇〇回決定を下さなければならず、その法的効力を有する布告の影響力は、わが国の国境を越えている」と、ビベスコ妃にいわせるほどだった。クリスチャン・ディオールは一九四七年、たった一度のショーを開催しただけで、人びとを「ニュー・ルック」なるものに服従させてしまった。「ニュー・ルック」は世界のあらゆる大都市でたちまちのうちに受け入れられ、英国女王などは、パリの英国大使館のサロンで特別に（ニュー・ルックのための）ショーを開かせたほどである。また、アンドレ・クレージュが一九六一年から六五年にかけて数回、「パリで最も短い」ミニスカートのコレクションを発表したときも、すべてのドレスの丈が一斉に短くなってしまった。

オートクチュールが、今もモードの生成に本質的な役割を演じていることは間違いないところだが、オートクチュールが一人舞台を演じる時代はもはや過去のものとなった。この急激な変化の理由はいったい何か。それは、一般大衆を対象にその創造的な装いを提供するプレタポルテ〔高級既製服〕の出現にある（F＝M・グロー『コスチュームの歴史』、一九九九年、PUF）。以来、企業に所属するプレタポルテのクレアトゥール〔クリエーター〕やスティリスト〔デザイナー〕らがモードの趨勢へ及ぼす影響力はいよいよ増大し、彼らも創造行為の一翼を担うようになる。エマニュエル・カーン、ダニエル・エシュテル、マリー・クワント、ソニア・リキエル、ヴィヴィアン・ウエストウッド、クロード・モンタナ、ジャン＝シャルル・カステルバジャックなどのプレタポルテのクレアトゥールたちが、現代のモードの生成において大きな役割を果たしていることは間違いないだろう。

一九七三年、パリにおけるショーの調整を主な目的とするフランス・クチュールおよびクチュリエとクレアトゥールのプレタポルテ連盟が、大《グラン》クチュリエたちの承認を経て発足した。このことも彼らの影響力が認知された証拠に他ならない。モードが、低年齢層や最下層の人たちに至る国民のすべてに浸透したということは、プレタポルテとは別に、ストリート自体がモードのインスピレーションを与える場所になったということでもあろう。それは一九七〇年代の「モード・ソヴァージュ〔粗野なモード〕」やヒッピー・ファッションのような「アンチ・モード」の出現、または、クチュリエもクレアトゥールも予想できなかった、八〇年代と九〇年代の「ストリートファッション」の流行を見れば明らかである。モードの大衆化によって集団的傾向を押しつけることが一層難しくなった。「こんにちほどモードが多様となった時代はない。こうした多様性は、今後も間違いなく維持されていくだろう。この多様性は個人の自由への強い願望から来ているのだが、すでに見たように、個人的自由はモード進化の原動力であると同時に、実をいえばモードとは真っ向から対立するものなのである。経済によって厳しく統制されることの現代社会、大量生産品が埋め尽くすこの世界で、何を身にまとうかの自由は、この画一化された集団の只中で、ひとつの番号でなく、どこまでも人間としてとどまりたいという各人の抑えがたい欲求に応じるものである。（中略）しかしそうなれば恐らく、モードからは、エレガンスが有する季節感の表現という要素が失われるだろう」（B・デュ・ロゼル『モードの危機』、一九七三年、ファイヤール）。

フランソワ・ボド氏は述べている。「確かにオートクチュールが新しいモードのリーダー的存在であるというのは過去の話であるが、人びとに夢を与える存在であることに変わりはない。オートクチュールはモードの提案者ではなく、時代の気分の提案者なのだ」（「オートクチュール、永遠回帰」、雑誌『エル』、一九八九年七月三十一日）。

果たしてそうだろうか。オートクチュールはただ単に「時代の気分」を提示するだけのものだろうか。ピエール・カルダンもいうように、こんにちにおいてもオートクチュールは「モードの実験室」であって、来るべきコレクションの傾向はここで試験されているのである。

(B)オートクチュール——社会を映す鏡

時に変化を先取りするオートクチュールだが、それはまた社会を映す鏡でもある。オートクチュールは、ボードリヤールがいうほどアナクロニック（プチ・ロベール仏語辞典によると「その時代にそぐわない」の意）ではなく、その時代からインスピレーションを得、またその社会に鏡を提供しているのである。当然のことながら大《グラン》クチュリエも、顧客も、時空を超えた存在ではない。「私は目に見えないあなたの意向に前もって応えているというのが本当のところです……私はあなたの美的センスの反応に敏感な記録媒体にすぎません。あなたの気まぐれの中に潜むある傾向を、注意深く記録しているだけなのです」（P・ポワレ『時代を着せて』、一九七四年、グラセ）。しかし、およそどの鏡もそうであるように、オートクチュールが予期せぬ像を映し出すことによって人びとを驚愕させることはある。それはオートクチュールが、社会の奥底に沈んだ傾向を顕在化させるという、重要な役割を演じているからである。

たとえば、第二次世界大戦後にクリスチャン・ディオールが、一九四〇年代の悲しきモードの反動として、非常に女性的な装いである「ニュー・ルック」を発表した時、オートクチュールは、戦争の記憶から逃れたいという人びとの切なる欲求に応えていたのだといえる。「ディオール自身、『何人もモードを変えることはできない、モードにおいてはどのような変化もおのずと起こるのである』と語っている。ニュー・ルックが受け入れられたのは、女性がいま一度女性として見られたいと願ったからこそである」（V・スティール『二十世紀に服を着る』、一九九八年、アダム・ビロ）。

イヴ・サン＝ローランが女性用パンタロンを生み出したときも、「パンツ・スタイルを発表したことは独創的でもなんでもない。女の子たちは私の発表を待ってパンツをはきだしたわけではない。私がディオールで仕事をしていたころには、もうすでに女性はパンツをはいていたのだ」と明言している。また、乳房があらわになるシースルーのブラウスをマヌカンに着せて発表した時も、オートクチュールは、男女の平等とか慣習からの解放というものへの支持を表明したということなのである。同様に、一九八四年、ジャン＝ポール・ゴルチエが「オム・オブジェ〔対象としての男性〕」をテーマにコレクションを発表した時、彼は、明らかな挑発の意図をもってはいたが、社会における男性の役割に関する考え方の変化や、見えにくいものではあるが、性の平等や同化傾向を超えた、あらゆる分野の絶えざる進歩を確認するということを行なったにすぎない。

もちろん、オートクチュールがこのような役割を演じることが可能なのは、制度としてある程度の承認を得ていればこそである。（これに関しては、一九八七年、ガリマール社刊行、ジル・リポヴェツキーの『束の間《エフェメラ》の帝国――現代社会におけるモードとその運命』、「現代官僚主義時代の象徴」としてのオートクチュールについての議論を参照）。しかもそれは、この上ない権威を帯びた制度である。極度の被メディア化は権力の象徴だからである。

(C)メディアとオートクチュール

メディアは大衆の受けを見越してオートクチュールを大々的にとりあげている。活字メディアも映像メディアも、オートクチュールのショーを一大イベントとして報道する。実際一月と七月のショーには世界中からおよそ一〇〇〇人のジャーナリストが取材に訪れる。たとえば一九九九／二〇〇〇年のオートクチュール・秋冬コレクションには、世界四十三カ国から九〇三人のジャーナリストと二四〇人のカメラマンが押し寄せ、七月十七日から二十一日にかけて行なわれた二五回のショーを取材した。クチュリエとクレアトゥールによるプレタポルテの期間《ジュルネ》には、世界四十七カ国から二〇〇〇人のジャーナリスト、四五〇人のカメラマン、それに一〇〇のテレビ局が訪れ、三月七日から十四日まで八一回のショーを取材した。かくしてコレクションは、雑誌、新聞、テレビを通して瞬時に世界中に伝えられるのである。

こうした大規模な報道は、ブランドの名声を高めることに資する反面、問題もはらんでいる。フランス・クチュールおよびクチュリエとクレアトゥールのプレタポルテ連盟会長ディディエ・グランバック氏は、この現象に対して憤慨し、こう述べている。

「世界最高のコレクションが無料でリビングに届けられる……なんと素敵なプレゼントだろう！　とりわけ今をときめく最高の美女たちが女として日夜テレビに登場する。上海のクラブやギリシャの島のバーで、そこのお客を喜ばせるためだけに、常時その映像が流される。そう、こういう目的のために、パリのファッションショーの映像は使われているのだ。もったいないことではないか！　得をするのは誰か？　一銭も払わずに得たこういう映像を流したり、高く売ったりする人びとの利益になるのだよ。情報権は一コレクションにつき七作品まで、という彼らが結んだプレス契約に違反してね。被害をこうむるのは誰か？　心血を注いで創作し、注目を浴びるために高価で派手なショーを構想するが、結局はそれが間違って解釈されてしまう人びとだ。それに、彼らの生み出したものはここではフランスの法律によって守られているが、メディアが伝えたとたん国際法によって公有財産となってしまう。手続き上の問題にすぎないように見えるが、実際は深刻な結果をもたらすのだ」(「食い潰された革新」、雑誌『フィガロ』、一九九九年十月一日)。自分たちのコレクションの映像をいつ、どこで流すべきかの決定は、クチュリエたちとクレアトゥールたちに任すべきである、とディディエ・グランバック氏は話す。

Ⅱ　現実

オートクチュールは、実現された夢の世界だが、フランスとは切り離すことのできない特殊性を持っているように見える。それは、パリがモードにおける世界の首都として際立つ存在であることに、過去においても現在においても異論の余地がないからだ。オートクチュールはまた、当たれば莫大な商業的利益をもたらす完全なる経済活動でもある。

1　モードの都、パリ

オートクチュールといえば、パリである。歴史的に見ても、フランスのモードは数世紀にわたってヨーロッパに君臨してきた。このことはヨーロッパのモード(とくに婦人服のモード)が、十七世紀後半からフランス革命にかけて間断することなく、フランスから送り出されていたという事実を思い起こせば、すぐに納得できるだろう。ルイ十四世の時代、ヴェルサイユの最新流行服を着せられた人形が、ウィーンからコンスタンチノープルまでのあらゆる宮廷を巡回し、この人形を通して最新服は一般に広まり、ヨーロッパ中で模倣されたのだった。当時、ジャック・デリル神父はこう書いている。「フランスは、このような愛らしい最高の装いをもって、そのモードの力で、今なお女王の座に君臨している。われわれの種々なる好みを、北の果てまで届けてくれるマネキン専制君主が、世界をフランスに隷属させているのである」。この長期の覇権が、否応なく、他の大都市には得られない正統性をパリに与えたのである。

したがって第二帝政期、シャルル＝フレデリック・ウォルトが、オートクチュールに高い身分を与えたのがこのパリという都市であったことは、当然といえば当然であった。また、「ベル・エポック」「狂乱の時代」、そして戦後の時代にかけて、ポワレ、パキャン、シャネル、ランヴァン、ディオールなど、全世界に影響力を持つそうそうたるメゾンの出現が続き、モードの都としてのパリの地位はゆるぎないものになっていった。「パリはモード界に君臨している。オートクチュールの覇権によって、始めから終わりまでパリにおいて作り上げられるという、局地集中型のモードが現われた。そしてそれを、最新流行に敏感な世界中の女性たちが追い求めたことから、インターナショナルなものとなっていった」とリポヴェツキーも述べている（ジル・リポヴェツキー『エフェメラの帝国』一九八七年、ガリマール）。

そうなると、多くの海外のクチュリエたちが競ってパリにその活動拠点を構えるようになった。

「一九四〇年代までは、パリのオートクチュール業界に迎えられるのは、別段難しいことではなかった。ルールには融通性があり、大きな自由さがあった。取るべき手続きはいたって単純だった。まず、フランス人であれ外国人であれ、パリに活動拠点を置くことを希望する新人クレアトゥールは、〈組合〉の会長か幹事長を表敬訪問する。そして、もしそのサロンがショーを催すに充分な基準を満たしていると判断されれば、会長または幹事長の一存で、スケジュール表にそれが組み込まれるのである」(D・グランバック『モードの歴史』、一九九三年、スイユ)。

一九四五年になると、パリのオートクチュールは規制をより厳格化した。国とパリ・クチュール組合(その現行の全規約を巻末に収録)の編纂によるかなり複雑な諸規定が、次の条件を満たす会社でなければ、オートクチュールのメゾンとしての承認を得られなくしたのだ。すなわち、婦人、若い女性、子供たちのための服のモデル作品の創作、あるいは仕立服の制作に従事していること、またはそのどちらも行なっていること、なおかつ、七五のオリジナルモデルのコレクションをマヌカンに着せ、少なくとも年に二回パリで発表していること、二〇人以上が働くアトリエを有し、組合の検定委員会によって承認を得ていること、などである。この委員会の承認を得たクチュールのメゾンのリストは、服飾産業を所管する官庁の大臣から、毎年、認可を得なければならない。

しかし、このような規制の厳格化にもかかわらず、パリのクチュールの創造性とか海外への門戸拡大にブレーキがかかるということはなかった。とはいうものの、一九八〇年代初頭になると新しい息吹を吹き込む必要性が感じられるようになった。ロンドンやニューヨーク、とりわけミラノの台頭を見せつけられたパリ・クチュール組合は、迅速に規制緩和措置を策定する。その結果、アドリーヌ・アンドレ、クリストフ・ルクセル、ドミニク・シロ、フランク・ソルビエなど、その一部は近い将来クチュールのデザイナーになることが見込まれる若いクレアトゥールたちを、「ゲストメンバー」として迎え入れる道を切り開いた。

専門誌などには定期的に、ファッション界の低迷を憂える悲観論が掲載されている。だが、パリ・オートクチュール・ショーの反響を見ても、パリ・メゾンの繁栄ぶりを見ても、パリの優位性が揺らぐ気配はない。このようにパリが王座に君臨し続けることができたのは、最初期から一貫して海外の才能に門戸を開き続け、時代への適応を怠らずにきたからだ。その点でロンドン、ローマ、ミラノ、ニューヨークは見劣りがする。これらの都市が輩出したクチュリエの数の多さや名声や、その国際的な影響力も、パリのそれには遠く及ばないといっていい。確かにこれらの都市は才能あるクチュリエを擁し、時に目を見張らされるプレタポルテのショーが行なわれる。しかし、こんにちでも、豪華さと格調の高さで、パリのクチュールと拮抗するレベルには到達していないのであって都市間に戦争は起こらないだろう。

2　ビジネスとしてのオートクチュール

実はクチュールの活動それ自体は赤字事業だ。それに反して、ブランドイメージや派生商品を使って行なう商業的ビジネスが、莫大な利益を生んでいるのである。

(A)赤字ビジネスのクチュール部門

クチュールはお金を食う。一つのモデルを完成させるためには、熟練職人の何百時間にも及ぶ労働や、そのほとんどが高価な使用原材料が求められ、ショーには絢爛豪華な演出が必要とされる。これでは経費がかさまないはずはない。オートクチュールのショーの開催にかかる経費は、数十万から、時には数百万フランである。マヌカンに支払うギャラは舞台一回の「出演」に対して数万から数十万フラン、衣装、メーキャップ、ヘアメーク係やプレス担当の賃金、超一流ホールの賃貸料、舞台装置や観客席、それに照明装置などがある。メゾンの所在地も、セルビア・ピエール一世大通り、フランソワ一世通り、またはフォブール・サントノレ通りなどの一等地でなければならない。これらはすべて、若いクレアトゥール〔クリエーター〕なら巧妙なやり方で回避しようと努力できる項目であろう（ジャン＝ポール・ゴルチエは最初のショーの準備にあたり、サン＝ピエール市場に足を運んで生地を調達したり、友人や親戚に頼んでモデル作品を縫ってもらったりしたという）。だが地位の確立したメゾンはそういうわけにはいかない。

ところが、その販売価格の高さにもかかわらず、クチュールのもたらす利益は下がる一方である。一番の理由は市場の崩壊であって、プレタポルテ、とくに高級プレタポルテ《プレタポルテ・デュ・リュクス》との競合によるものだ。伝統的にクチュールの顧客であった世界の富裕な女性たちも、今では堂々とプレタポルテを身に着けることができるようになった。戦前には考えられないことである。ヒービー・ドーシーが一九七二年にニュー

表1　1983年のジャン＝ポール・ゴルチエのあるショーに要した経費（M.デルブール-デルフィ『人生のためのモード』、パリ、オトルマン、1983）
（単位：フラン）

舞台、音響、照明	100,000
舞台設備、舞台装置	40,000
マヌカン（35）	140,000
衣装係（35）	10,500
案内係（28）	8,400
招待状	14,000
切手	6,600
プログラム	6,000
ヘアメーク	18,000
帽子	30,000
手袋	20,000
メーキャップ	8,000
宝飾品	35,000
音楽	12,000
封筒	1,500
ビュッフェ	8,000
付随品	20,000
その他	20,000
合計	498,000

ヨーク・ヘラルド・トリビューン紙に語っているように、「製作技術の進歩のおかげで、かつてはオートクチュールだけに可能であったエレガントで繊細な仕上がりが、いまや高級プレタポルテにも可能になった。オートクチュールの終焉を意味するものだろうか。そうではない、オートクチュールが最上級のプレタポルテになるということだ」（これは一九八二年九月の『エル』誌のアンケートでも裏付けられ、それによると、回答した女性の大多数は、クチュリエのブランド表示と高級プレタポルテのあいだに区別をつけていないのである。キャシャレル、ソニア・リキエルあるいはケンゾーは、ピエール・カルダンやイヴ・サン＝ローランなどと同じレベルに置かれているのだ）。顧客のクチュール離れの第二の理由は、もっと社会学的レベ

ルのものであって、拙著『コスチュームの歴史』（コレクション・クセジュ五〇五）でも示したように、服装の意味作用に変化が起こり、現代社会において服装が、階層あるいは社会的スティタスの指標ではなくなってきたことに関係がある。現代人が好んで自己の社会的ランクを示そうとする手段は、服装的外観ではなくて住居や余暇あるいは保養場所になっている。「女性がおしゃれに気を使うということは、今後も変わらないであろう。しかし、大量生産の服で満足する人は増え続けている。パリの権威と富を築いてきたのは、貴族階級やブルジョワ階級に属する多くの女性たちの、皆と同じ服装はしたくないという欲求であったのだが」（G・デシャン『一九三〇年から一九三七年までのパリにおける服飾業とモードの危機』、一九三八年、テクニック・エ・エコノミック）。

ピエール・ベルジェ氏などのように、オートクチュールは来世紀を待たずに姿を消すであろう、と躊躇なく結論付ける人がいるのもこうした背景があるからだ。確かに、一九四六年には一〇六を数えたクチュールのメゾンは、六七年には一九軒、九九年には一六軒と、劇的に減少した。近年、ニナ・リッチ、カルダン、ランヴァン、ペル・スプーク、フィリップ・ヴネ、カルヴァン、ギ・ラロッシュなど多くのメゾンがクチュール事業から撤退したし、撤退はしなくても、残るメゾンのクチュール事業はほとんどが赤字である。

クチュールは金を食い、収益はほとんどないに等しい。こんにち、ほとんどすべてのクチュール事業が赤字業務である。プレタポルテのライン、香水、その他の派生商品の売り上げだけがオートクチュ

17:00	クリストフ・ルクセル	ブロンニャール宮殿
20:00	クリスチャン・ディオール	ヴェルサイユ宮殿のオランジュリー

7月20日火曜日

10:00	シャネル（1）	装飾美術協会
11:30	ヴィクター＆ロルフ	モンテーニュ大通り15番地
12:30	シャネル（2）	装飾美術協会
13:30	ルイ・フェロー	カルーゼル・デュ・ルーブル
15:00	クリスチャン・ラクロワ	ブロンニャール宮殿
16:30	ハナエ・モリ	インターコンチネンタルホテル
18:00	ティエリー・ミュグレー	ワグラム・ホール
19:30	ヴァレンティン・ユダシュキン	カルーゼル・デュ・ルーブル

7月21日水曜日

9:30	ルコアネ・エマン	パレ・ロワイヤルの中庭
11:00	フランク・ソルビエ	ガリエラ博物館
12:30	イヴ・サンローラン	インターコンチネンタルホテル
14:30	ピエール・バルマン	装飾美術協会

ールの収益を高めている。わずか数百人にすぎないオートクチュールの顧客の衣装部屋を、何百万人の派生商品の購買者が支えているわけだ。「クーロス」や「オピウム」を買ってくれる数十万人がいなければ、リリアン・ベッテンコートはイヴ・サン＝ローランで身を包むことはできないであろう……。

(B)イメージ戦略と派生商品ビジネス

イメージ戦略がもたらす利益は、当然のことながら、大きい。ジル・リポヴェツキーは『束の間《エフェメラ》の帝国――モードとその運命』でこう書いている。「モデル作品を生きているマヌカンに着せ、ショーという見世物を催す。百貨店やパリの〈パサージュ［アーケード］〉、万国博覧会の傍らで、商品販売を劇場化し、うっとりするような広告をつくり、人びとの欲望を刺激するという現代の先端的戦略を、オートクチュールは十九世紀にはすでに行なっていた。憧

表2　1999-2000年度のオートクチュール・秋冬コレクションのスケジュール

7月17日土曜日

11:30	トレント	インターコンチネンタルホテル・パリ・ル・グラン
14:00	オシマール・ヴェルソラト	商品取引所
15:30	パコ・ラバンヌ	カルーゼル・デュ・ルーブル
17:15	ジャンニ・ヴェルサーチ（1）	ホテル・リッツ
20:00	ジャンニ・ヴェルサーチ（2）	ホテル・リッツ

7月18日日曜日

10:30	ジャン・ポール・ゴルチエ	ポワチエ通り12番地
12:00	ドミニク・シロ	サントノレ通り352番地
15:30	ジヴァンシー	ステュディオ・ド・ブーローニュ
17:30	アドリーヌ・アンドレ	マイヨール美術館
19:00	ヴァレンティノ	装飾美術協会

7月19日月曜日

10:00	ジャン・ルイ・シェレル	カルーゼル・デュ・ルーブル
11:30	エマニュエル・ウンガロ	ブロンニャール宮殿
15:30	ラピドス	インターコンチネンタルホテル

れのマヌカンを使い、高級感溢れる本物そっくりのマネキンを置いたショーウィンドーを作り上げる。広告の舞台演出に趣向を凝らし、商品を頻繁に露出させることによって、購買・消費意欲を刺激し、それに伴う罪悪感を除去する。これは非常に革命的な手法であり、現在でも用いられている。オートクチュールは、この手法の確立に一役買ったのである」。この広告的舞台演出は世界中から訪れるおよそ一〇〇〇人のジャーナリストに披露することで大成功を勝ちとった。「ショーの本当の効果は、メディアに取り上げられることによって生まれる。それは莫大な数字で表わせるほどだ。バルマン社取締役、アラン・イヴラン氏は『コレクションのあとにはさまざまな雑誌にその写真が載るが、もし写真の占める面積分の広告料を半分出さなければならないとすると、それはひとつのショーにつき二三〇〇万

フランに上るだろう』（ナデージュ・フォレスティエ『フィガロ・エコノミー』紙、一九九九年三月八日）という」。

したがって、派生商品ビジネスが生む利益は大変に大きい。事実、自分の並外れた知名度を生かして、オートクチュール以外のビジネス分野に乗り出すことをみずからに禁じるクチュリエは稀である。かくて、クチュール・メゾンは一九三〇年代に入ると多くが香水の販売を開始し、六〇年代にはプレタポルテとアクセサリーの販売をスタートさせた。

香水を最初に手がけたクチュリエは一九一一年に「ロジーヌ」を世に送ったポール・ポワレである。ポワレは、第一次世界大戦終結後、「ニュイ・ド・シーヌ」「フリュイ・デファンデュ」「ミナレ」「クープ・ドール」「メア・クルパ」などを風変わりな形の小瓶に詰め、販売した。ポワレにつづき、二一年にはガブリエル・シャネルが「No.5」を、二五年にはジャン・パトゥが「アムール・アムール」「ク・セ・ジュ？」「アデュー・サジェス」を、同じく二五年にジャンヌ・ランヴァンが「マイ゠シン」、二七年には「アルページュ」を出した。一九三〇年代以降、香水事業はクチュール・メゾンの経営になくてはならないものとなり、多くのメゾンはこれにより経済危機を乗り切ることができたのである。こんにちの状況について、ディディエ・グランバック氏はいう。「皮肉なことに、この徐々に消えてなくなる香水というはかない商品が、ブランドの健全な財政体質を支えていて、香水に頼るメゾンのみが企業の永続性を主張できる」。稀なケースを除けば、すべてのクチュール・メゾンは香水と化粧品の何らかのシリーズを持っている。中にはジャン・パトゥのように、クチュールとプレタポルテから撤退し、香水だけを残した例

表3　1987年-1997年のオートクチュールの売り上げ　（単位：フラン）

	1987	1988	1989	1990	1991	1992	1993	1994	1995	1996	1997
クチュール	301	321	332	317	273	302	273	300	305	279	317
婦人服プレタポルテ	877	979	1120	1204	1501	1382	1501	1650	1827	1883	1957
紳士服プレタポルテ	548	612	735	712	819	778	819	900	783	807	740
付随商品	1014	1147	1312	1416	1956	1858	1956	2150	2305	2410	2274
合計	2740	3059	3499	3649	4549	4320	4276	5000	5220	5380	5290

税抜、クリエーター分除く
パリ・クチュール組合による

もある。

　香水の次はプレタポルテである。この場合もポール・ポワレが最初で、メゾンが財政難に陥った一九三三年から、プランタン・デパートのためのプレタポルテ・コレクションを手がけた。三四年には、リュシアン・ルロンが、「女性がこの時代の物価でも着られる」服を提供するために、オートクチュールとプレタポルテの中間のコレクションを発表した。ただ、ここまではオートクチュールのメゾンが、自分たちの方法に従って、服を作っているにすぎない。次の段階に入るのは五〇年の「クチュリエ・アソシエ〔共同者〕」の実験からである。ディディエ・グランバック氏はその主要な機能を的確に説明する。「〈クチュリエ・アソシエ〉の看板のもとに、ジャック・ファット、ジャン・デセ、ピゲ、パキャン、カルヴァンの五人の大物が、各自七つのモデル作品（ドレス、スーツ、コート）を制作すると、それを既製服会社が大量生産し、一万五〇〇〇から三万フランで販売する。そして、すべてのモデルには、〈クチュリエ・アソシエ〉と〈制作者〉という二つのブランドネームが縫い込まれることになる」（雑誌『パリ・マッチ』一九五〇年六月二十四日)。ロイヤルティーと引き換えに、クチュールのモデル作品が外部の会社の手に渡り、それが下請け工場で大量生産され、広範な客層に売られる、この方式はこの時が最初である。「クチュリエ・アソシエ」のこの手法はすぐに、ジャック・エイム、カルヴァン、マダム・グレ、ランヴァン、ギ・ラロッシュなど、他の多くのメゾンによって踏襲され、一九六〇年代には主要なクチュール・メゾンはどこも、プレタポルテを手がけるようになった。

プレタポルテと香水以降、クチュール・ブランドは次第に、高級品(アクセサリー、革製品、食器類)から日用品まで、あらゆる消費財を手がけるようになっていく。香水、プレタポルテ、アクセサリーを発展させたあとは、大《グラン》クチュリエはもはや躊躇することなく、家具、陶器、人形、シャンパン、乗用車等にも名前を入れるようになった。もはやそれ自体ではビジネスとして成立しなくなったオートクチュールが、こうした外部からの収入を必要としたということは認めなければならない。また、巨大グループによる経営権の掌握は(ディオール、ラクロワ、ジヴァンシーはLVMHグループに、パコ・ラバンヌとニナ・リッチはスペインのプイグに、エマニュエル・ウンガロはイタリアのフェラガモに、イヴ・サン=ローランはPPR社に、ルイ・フェローはオランダのセコンに、ジャン=ルイ・シェレルとジャック・ファットはE・Kファイナンス社と日本の西武に属している)、経営が純粋な財政論理に委ねられることを意味し、こうした傾向に拍車がかかった。しかしいずれにせよ、多くのクチュリエも指摘しているように、オートクチュールは芸術として、いくらか人工的であった仕切りを外し本来の領域、服飾を超えたあらゆる形態の創造活動に関心をもつ資格はあったのである。

こんにち、パリ・クチュール組合に加入するメゾンの税を抜いた売上高は、五〇億フラン以上に上り、うち三億一七〇〇万が厳密な意味でのクチュールの売り上げであり、一九億が婦人服プレタポルテから、七億四〇〇〇万が紳士服プレタポルテから、二二億がアクセサリーからの売り上げである。この一〇年で、クチュール・メゾンの売り上げは全体で九三パーセントの伸びを示しているが、本来の意味でのクチュールの売り上げは五パーセントしか伸びていない。これに対し、婦人服プレタポルテは一二三パーセント、紳士服プレタポルテは三五パーセント、そしてアクセサリーは一二四パーセントも売り上げが上昇している。この統計には香水の売り上げが含まれていないことを考慮すると、オートクチュール・メゾンの財政体質は健全状態にあるといえるし、メゾンの数の減少はこれで相殺されているわけである。

第二章　名クチュリエ群像

I　オートクチュールの誕生

仕立服は、もちろん十九世紀の発明品ではない。遠い昔から王侯貴族は腕の立つ裁縫師をそばに侍らせていたのである。しかし、オートクチュールの誕生を歴史に位置づけるとすると第二帝政期〔一八五二〜七〇年〕、数々の斬新な手法をたずさえて登場し、比類なき名声を獲得したシャルル＝フレデリック・ウォルト以降ということになる。

オートクチュール以前

第二帝政期以前のモードは、貴族や、その地位を引き継いだブルジョワジーといった、支配階級の人びとの専有物であった。どんな装いが好ましいのかは、彼らによって決められていたのだ。中世から十八世紀までのあいだ、モードはまず、宮廷内で、王侯貴族の気ままな好みから発生した。下級貴族やブルジョワジーは、王室や名門貴族から押し付けられたモードに、しばしば大きく遅れをとりながら、追随するだけであり、貧困にあえぐ一般大衆などは、モードどころの話ではなかった（F＝M・グロー『服飾の歴史』、一九九九年、PUF）。仕立屋《テイラー》や女性裁縫師《クチュリエール》(1)は同業者組合《ギルド》に組み込まれ、単なる業務を遂行するだけの存在だった。十八世紀半ば、オートクチュールの到来を準備するいくつかの重要な変化が現われた。一七九一年、立憲議会によって同業者組合の廃止が決まり、「服飾の自由な生産の道が開かれるという歴史的な転機が訪れた」（ジル・リポヴェツキー『エフェメラの帝国』、一九八七年、ガリマール）のだ。ブルジョワジーの台頭や貴族の権力の弱体化に伴って、宮廷は、何世紀にもわたってわがものとしてきたモードへの影響力を徐々に失うことになる。これと並行して、産業革命によるエネルギーの解放が起こり、産業ブルジョワジーが表舞台に登場する。オートクチュールの最初の顧客となったのが、社会的認知を得ることと贅沢というものを渇望していたこの産業ブルジョワジーである。

（1）仕立屋の同業者組合は、一二六八年に、ルイ十一世時代のパリ市長エチエンヌ・ボワローの『職業目録』に登録されている。女性裁縫師の活動は、一六七五年、ルイ十四世の勅令により、厳しい条件付きではあったが、その活動が認可された。

ローズ・ベルタンは、ルイ十六世の時代からマリー＝アントワネットのお抱えモディスト〔婦人服飾品商〕を務めるなど、公的活動によって利益を得ていた。彼女は「モード大臣」の異名をとるほど、その周辺には多くの顧客が群がり、おびただしい数の顧客に自分の好みを押し付けることができる人物であった。第一帝政期、ナポレオン戴冠式の衣装を（イザベのデッサンをもとに）担当したり、ジョゼフィーヌ、マリー＝ルイーズ両皇后の服装や、帝国の祝典の衣装を提供したりしたのはイポリット・ルロワである。ルロワの成功は、大きく未来へ展望を開くものであったが、ナポレオン一世の没落により裁縫師《クチュリエ》としての生涯を断たれてしまった。一八五三年、ナポレオン三世とウジェニーの婚礼に際して、衣装五二点、宗教儀式用の引き裾のあるドレスの制作を担当したパルミール夫人とヴィニョン夫人も、宮廷御用達の女性裁縫師《クチュリエール》であった。

　オートクチュールが、モードを作りだす権利を過去のエリートの手から奪い取るには、第二帝政期半ばのジャルル＝フレデリック・ウォルトの登場を待たなければならない。それまでクチュリエールといえばお店と顧客の邸宅を往復する、単なる衣服納入業者にすぎなかったのが、エミール・ゾラによれば、ウォルトは、「第二帝政期の王妃たちまでもがあがめる」ほどのクチュリエであった。フランスのオートクチュールはここに産声を上げた。ウォルトのあとにはジャック・ドゥーセ、ジャンヌ・パキャン、ポール・ポワレ、キャロ姉妹といったそうそうたる才能が続き、こうしてオートクチュールは自己を確立してゆくのである。第二帝政期、ウォルトはまだ皇女からの注文を引き受けていたが、第三共和政の成立とともに、クチュール・メゾンは完全な自立を果たし、数多くの顧客の意に沿ったモードを作り、また壊したりした。つねにモードに対する影響力を、多少とも成功裏に、行使し保持しようとしてきた支配階級がその権限を失ったこの出来事の意味は非常に大きい。

シャルル＝フレデリック・ウォルト

シャルル＝フレデリック・ウォルト（一八二五〜九五年）とはいったいどんな人物だろうか。ウォルトはイギリスに生まれ、ロンドンのラシャ販売業者と絹商人のもとで見習いをしたあと、一八四七年にパリに出る。まず、リシュリュー通りの有名な小間物商ガジュランに売り子として入り、間もなく、ショールとドレスを制作して注目されるようになった。店舗の外に仕立て部門のアトリエをつくる許可を与えられ、その責任者となる。彼の作品がロンドンとパリで開かれた万国博覧会で注目を浴びたため、五三年、ガジュランの共同経営者に取り立てられ、その後、五八年に独立した。

作品に対するきめ細かい配慮、持ち前の豊かな才能、皇后から得た高い評価などが彼の成功の要因であった。オーストリア大使夫人のメッテルニヒ皇女からウォルトを紹介されたウジェニー皇后は、六四年、英国人であるにもかかわらず彼をあえて、公的衣装やイブニング・ドレスの唯一の納入業者に指定した。「パリ、ウィーン、ロンドン、ペテルブルグの普段のパーティーから至高の祝典までを指揮する偉大なウォルト」（マラルメ）は、ロシア女帝、イタリア王妃、オーストリア皇后、ヴィクトリア女王など、世界の名だたる女性たちの衣装を制作することになった。

オートクチュールはウォルトとともに誕生した。彼はモディストのように客の要望に沿って作品を作るだけでは満足せず、顧客に対して新作を提案し、制作し、彼女らに有無をいわせなかった。相手が高

メゾン・ウォルトの広告

級娼婦であろうと、皇后であろうとそれは変わらず、ウォルトは、顧客にうり二つの人間を見つけてきてはマヌカンに仕立て、彼女たちに着せた新作を、予想される舞踏会やパーティーの環境を再現した明るいサロンに持ち込んで披露した。ウォルトは最初、作品に自分の名前を縫い込んでいたが、のちにラベルに署名を入れるようになった。これらはいずれも当時としては新機軸であった。「注文された仕事を忠実にこなすだけでなく、みずから作品を創造するのが私の仕事である。創造《クレアシオン》こそが、私の成功の鍵だ。私は人に命令されて服を作るつもりはない。命令されるくらいなら、私は商売の半分を放棄するであろう」。

　メゾン・ウォルトは長らく同族経営にあり、一八九五年のウォルトの死後は息子のジャン＝フィリップとガストンに、その後は孫のジャン＝シャルルとジャック、さらに曾孫のロジェとモーリスへと引き継がれた。一九五四年、ウォルドはパキャンに買収され、パキャンとともに五六年に姿を消した。

　ウォルトが派生商品に進出するのは遅く、ようやく一九二四年になって「ダン・ラ・ニュイ」、三二年に「ジュ・ルヴィアン」という香水を販売している。また、七七年の「ミス・ウォルト」や八一年の「ウォルト・プール・オム」など、メゾンが消滅したあとに生まれた商品もある。

パキャン

　ジャンヌ・ベケール（一八六九～一九三六年）は、若くしてあるクチュリエールの家に住み込みで入り、

セルニー嬢の衣装、パキャン、1904年

修業を積んだ。その後、まずメゾン・ルフに職を得、アトリエ主任を務めたあと、メゾンのマヌカンになった。一八八九年、二十歳の時、イシドール・ジャコブ（またの名をパキャン）のクチュール・メゾンにモデリスト〔モデル作品を作る人兼デザイナー〕として雇われ、二年後、ジャコブと結婚する。

たちまちのうちにウォルトやドゥーセと肩を並べる名声を手に入れたジャンヌ・パキャンは「豪華さ、優雅さ、エレガントさ、一言でいえばそのパリらしさにおいて他に抜きん出ていた」（『フィガロ』紙、一九一一年六月）ので、ヨーロッパのあらゆる宮廷から衣装制作の依頼が舞い込んだ。ジャンヌ・パキャンの特徴は、その洗練された下着や、十八世紀からヒントを得たパステル・トーンの豪華なイブニング・ドレス、そして作品に対するきめ細やかな注意力などにある。「身体の一部分を露出させたり、胸の美しく繊細な輪郭を見抜く喜びを、見るものに与えなければなりません。私たちのデザインによってそれが損われるようなことがあってはならないのです。もし、筋肉質の体型で、太めの脚の人ならば、身体を細く見せるようにプリーツを作ってさしあげ、軽い生地がいろいろな装飾品とマッチするよう工夫します」と彼女は語る。

PRの才に長けたジャンヌ・パキャンは、ロンシャンの競馬場からオペラ座まで、社交界の盛大なイベントというイベントには必ず夫婦連れで出かけて行った。しかもメゾンの最新モデル作品を身にまとう若いマヌカンを引き連れて参加し、その場の最前列に陣取るなど、世間の耳目を集める機会を見逃すことがなかった。また、ロシア・バレエ団のコスチュームを手がけたり、海外でもファッションショーや展示会を開催するなど、活躍を見せた。レジオン・ドヌール勲章を授与された最初のクチュリエールであり、海外（ロンドン、ニューヨーク、ブエノス・アイレス、マドリッド）に支店を最初に開設したのもジャンヌ・パキャンであった。

ジャンヌ・パキャンは第一次世界大戦後に引退、マドレーヌ・ウォリスがメゾンの芸術監督を継いだ。作品の制作監督は、一九三七年にアナ・デ・ポンボ、四一年にカスティーヨ、四五年にコレット・マシニャック、四九年にルー・クラヴリー、五三年にはアラン・グラハムへと引き継がれた。五四年ウォルトを買収するが、五六年、パキャンのメゾンは閉店した。

キャロ姉妹

骨董商の父とレース工の母を持つマリー、マルト、レジーヌ、ジョゼフィーヌのキャロ四姉妹は、一八八八年にレースと下着の店を開き、九五年、クチュール・メゾンを開店した。マリーは、以前クチュリエ・ロドニッツでモデリストを務めていたジェルベと結婚した。マリーは主任クレアトリス［クリエーター］として、古い生地を使ったドレス、古風なドレス、下着類、東洋的、異国趣味的な服を制作した。レースや刺繡の質の高さ、洗練されたその色彩、生地の贅沢さなどで当時評判になっていたマドレーヌ・ヴィオネが腕をふるうキャロのスタイルには、生地にしても、使う色、モチーフ、アクセサリーにしても、際立った女性らしさがあり、そこに東洋的な発想が加えられているという特徴があった。のち

ディナー用ドレス、キャロ姉妹

に、ポワレあるいはシャネルによって確立されたモードの踏襲を基本路線としたが、独自性を見失うことはなかった。キャロ姉妹の知名度はマルセル・プルーストの『失われた時を求めて』に言及されたことでさらに増した。一九二七年のマリー・ジェルベの死去後は、息子のピエールとジャックがメゾンの共同経営者となるが、三七年には売却され、五〇年、店を閉じた。

ジャック・ドゥーセ

ジャック・ドゥーセ（一八五三〜一九二九年）の両親は、ラ・ペ通りの、ウォルト家から数番地離れた場所に、高級既製服製造と下着・刺繍の二つの作業場を所有していた。一八七〇年代初頭から両親の手伝いを始めたジャック・ドゥーセは、すでにこのころから母親と一緒に、「パリ、ラ・ペ通り二一番地」「マダム・ドゥーセ」または「ドゥーセ」などのブランドで作品づくりをしていたが、やがて自身のブランドで制作をスタートさせる。

一八九〇年代には、メゾン・ドゥーセの高度に洗練されたスタイルは、パリでも一流との評価を得ていた。しばしば十七世紀や十八世紀の影響が見え、古風なレースやパステル調への偏愛を感じさせるジャック・ドゥーセの大きなイブニング・ドレスは、ベル・エポックの特徴である華やかさを具現していた。彼の名声はウォルトと肩を並べるまでになり、ウォルトもライバルの筆頭にドゥーセの名を挙げていた。ホセ・デ・ラ・ペーニャや一八九六年に雇い入れたポワレ、あるいは一九〇七年にデビューし

ドゥーセ・メゾンの広告、1868年

たマドレーヌ・ヴィオネのような有能なモデリストに恵まれたドゥーセは、セシール・ソレル、レジャンヌ、サフ・ベルナールなどの女優や、マチルド皇女、ミュラ皇女、ド・ブロイ公爵夫人、リアン・ド・プジー、エミリエンヌ・ダランソン、クレオ・ド・メロードのような高級娼婦、また役者のイヴォンヌ・ド・ブレや、アメリカ人のアスター夫人やヴァンダーブリット夫人など、世界の名だたる女性たちの衣装を手がけた。

ジャック・ドゥーセには一大コレクターの顔もあり、十八世紀の美術品蒐集（一九一二年の売立てで二〇〇〇万ソラン相当の利益を得る）をはじめとして、絵画（ドガ、セザンヌ、マチス、ヴァン・ゴッホ、ピカソ、ブラック、ドラン、ミロなど）や美術書（そのうちの一五万冊を国に遺贈）を大量に買い集めていた。彼の死後、メゾンは、ジョルジュ・オベールの出資したドゥイエ・メゾンと、またその後ミランド・メゾンと合併を果たすが、一九三七年に閉店した。

レドファン

英国ワイト島のカウズで、ラシャ製造販売業を営んでいたジョン・レドファンは、この南部の海水浴場に集まる富裕層を相手にしたクチュール・メゾンを設立した。やがて成長した「レドファン・アンド・サンズ」社は、まもなくロンドン、ニューヨーク、シカゴ、そしてパリに支店を開く。スポーツ・ウェア（ヨット、テニス、乗馬など）や旅行ウェアを手がける一方、ベストとスカートに同じ布地を使用した最初の「テ

イブニング・ドレス、レドファン、1918年

ーラード・スーツ」や、紳士服からヒントを得て、宮廷や演劇、それに舞踏会用のドレスとして作られた「テーラード・コート」など、一連の婦人服を充実させる。一八八五年、英国王太子妃から衣装納入の依頼を受けるようになると、八八年には権威ある「英国女王陛下・妃殿下御用達」のラベルを授与された。その後も、「ロシア女帝陛下御用達」となり、また、ノアイユ伯爵夫人やベルギー王女の衣装も納めるようになった。

　この成功はチャールズ・ポインター（一八五三〜一九二九年）が、メゾン・レドファンの代理店として、一八八一年にパリにやって来てからも変わることはなかった。彼は英国風仕立てのテーラード・スーツやイブニング・ドレスを専門とし、死去するまで高い評価を維持し続けた。レドファンのフランス支店は一九三九年に閉店し、惜しいことにその資料は散逸し残っていない。

ポール・ポワレ

毛織物商の家庭に生まれたポール・ポワレ（一八七九〜一九四四年）は、はじめ傘の製造に携わり、ついで、ジャック・ドゥーセの店にデシナトゥール〔デッサン画家〕として採用され、やがてテーラード部門のチーフとなる。映画『鷲の子』でサラ・ベルナールが着用する劇中衣装を制作したのはこの時期である。兵役終了後は、メゾン・ウォルトに籍を置き、「准高級既製服」部門を任された。(1)

（1）ポール・ポワレは、『時代を着せて』の中で、ガストン・ウォルトの言葉を報告している。「われわれは、トリュフ以外のものは出そうとしない大レストランのような状況にある。だから、フライドポテト部門を作る必要があるのだ」。これに対して数年後、ウォルト・メゾンを去る時ポール・ポワレはこう応えた。「あなたは、私にフライドポテト部門を作るよう命じました。私はいわれたようにしました。私は満足ですし、あなたもそうであることを願います。ただ、それによって多くの人を不快にさせるフライの臭いがメゾン内に充満してしまったようです。別の場所に身を落ち着けて、自分のフライを揚げようと思います」。

一九〇三年に独立を果たすと、「ポワレ・ル・マニフィック〔素晴らしきポワレ〕」の評判は急速に高まり、一九〇六年には、総裁政府時代《ディレクトワール》〔一七九五〜九九年〕のモードにヒントを得た、直線的なラインのドレスを中心とした作品を揃えた。このドレスが革新的だったのは、ウエスト・ラインを胸の下まで上げることで、コルセットを不要にしたことだった。「私は、戦いを挑んだのだ。この呪われた器具の最後のバージョンは、「ガッシュ・サロート」という名だった。胸の出っ張りに悩まされ、それを隠したり、分散させようとしたりする多くの女性を見てきたが、このコルセットというやつは、女性を、上半身・胸・乳房の側と、下半身・腰の側とに大きく分割してしまう。身体を二つに引き裂かれるので、トレーラーでも引いているかのように見える」「私は、自由の名において、コルセットの終焉と、ブラジャーの採用を強く勧めたのだ」と書いている。ポール・ポワレが始めた衣装の単純化は、たちまち他のクチュリエたちの追随するところとなる。しかし、その後ポワレは、東方の民族衣装、とくにロシアからディアギレフ・バレエ団がパリを訪れた時の衣装に着想を得て華麗なコレクションなどを作成、これらは大戦前のモードを代表する作品群となった。

ポール・ポワレは、純粋にビジネスを目的としたオートクチュール事業を総合高級品産業へと拡張した最初の人物でもある（一九二四年四月十五日付『エクセルシオール』紙で、ユゲット・ガルニエに対し、「われわれは、ビジネスに携わるアーティストだ」と告白している）。一九一一年、彼は長女の名をとって「ロジーヌ」という香水を発売、続いてオー・ド・トワレ、香水石鹸、白粉、口紅、マニキュアなどを市場に投じた。同じくこの年、装飾美術学校を設立し、エコール・マルチーヌ（次女の名前）と命名、しかし、これはまもなく「ブティック・マルチーヌ」となる。三四年、ポール・ポワレはこう書いている。「私は、家具、インテリア、香水、瓶、図画、塗装、絨毯、調度品、鏡類、食器類、照明装置、刺繡、飾紐、レース、ドレス、コートなど、高級品産業のあらゆる分野で、ドイツにおいて展開されているような運動を、フランスでも起こしたいと考えた」（ポール・ポワレ『芸術と財政』、一九三四年、ルテチア）。一九三〇年代に入ると、プランタン百貨店の依頼に応じて、プレタポルテ・コレクションに進出した。財政的な理由からではあったが、プレタポルテを手がけた最初のクチュリエとなった。

第一次世界大戦後は大した成功に恵まれず、華麗なパーティーやレセプションを好んだポール・ポワレは、やがて財政難に陥り、一九二九年にはメゾンの閉店を余儀なくされた。

Ⅱ　両大戦間期

「狂乱の時代《レ・ザネ・フォル》」〔一九一九～二九年〕は、オートクチュールが飛躍的な発展を見せた時期である。この時代の主なクチュリエというと、シャネル、ヴィオネ、ランヴァン、それに、リュシアン・ルロンや、ジャン・パトゥなどである。経済恐慌に見舞われた一九三〇年代は大変困難な時代であったにもかかわらず、内戦を逃れてパリに亡命したスペインの巨匠バレンシアガ、アメリカ人のチャールズ・ジェームズ、エルザ・スキャパレリ、ニナ・リッチ、マダム・グレなどを輩出した。

ガブリエル・シャネル

ガブリエル・シャネル（一八八三〜一九七一年、愛称ココ）は、自作の帽子を友人相手に売ることからモードの世界へと入っていった。一九一三年、ドーヴィルに最初のクチュール・メゾンを開き、一九年、新たにパリにメゾンを開く。

両大戦間のシャネルは「ギャルソンヌ・モード」の隆盛に貢献した。ダイアナ・ヴリーランドによれば「シャネルは、二十世紀精神そのものだ。第一次世界大戦後、仕事をもち、地下鉄に乗り、レストランで夕食をとり、カクテルに酔い、頬には化粧をし、脚を露出するようになった現代の女性たち。そんな彼女らにふさわしい服を制作するために、衣服に大胆さを持ち込んだ初めての女性であった。シャネルは大胆にも、秘書という、新たな地位を得たおしゃれな女性たちのための服をつくった。シンプルなドレスや、ウールのジャージー仕立てのスーツを考案し、肩から膝まで真っ直ぐなラインのドレス――当時前例がなかった――や、生糸色や黒褐色のジャージーを使った、着心地の良いスカートのアンサンブル、パンタロン、そしてプルオーバーをお客に提示した。（中略）また、夜間外出用に、ベージュ、深紅、または緑青色のスパンコールで飾った、シンプルなラインのレースのドレスをつくり、鮮明でエレガントなシルエットを実現した。（中略）彼女は、本当の意味で女性的でないものは断固切り捨て、本質だけを残した。（中略）こんにちわれわれが〈ベイシックな装い〉と考える、こうした服だけを」。

豪華でありながらシンプル、というココ・シャネルのスタイルは、時代の象徴となったため、シンプルで厳密なカッティングの服の制作が加速された。「なぜ、私はこの仕事に身を投じたのか、なぜ、私は革新派とみなされるようになったのか……」とシャネルは自問する。「それは好きなものを作るためではなく、何よりもまず、気に入らないものを時代遅れにさせるためだった。……私は、必要な清掃作業を請け負っただけなのかもしれない」。

戦時中はメゾンを閉鎖した。占領下での交友関係が、戦後、批判の的になったためであるが、一九五四年、七十一歳で復帰を果たす。この復帰も当初批判を浴びたけれども、人工真珠と長い金の首飾りとを組み合わせた有名なツイードのスーツを完成させると、非難の嵐はおさまった。

ココ・シャネルは多くの香水も手がけた。中でも「No.5」(二一年)は香水史上最大の成功例であって、これ一点で、世界の売り上げの五パーセントを占めた。他に「プール・ムッシュー」(五五年)、「No.19」(七〇年)などを世に送り出し、各種アクセサリー商品を店内に陳列した。とくに、ダブルCを交叉させた形の留め金を使ったキルティングのハンドバック(五五年)は、伝説的商品である。そんなシャネルも、生前プレタポルテのライセンスを出すことに強く反対し、七七年までシャネルのライセンスは出なかった。

七一年のシャネルの死後は、ニューヨークでディオールのスティリスト〔プレタポルテのデザイナー〕を務めていたガストン・ベルトロが制作を引き継ぎ、七四年には、ジャン・カゾボンとイヴォンヌ・デュデル、八〇年には、バレンシアガの昔の協力者ラモン・エスパルサ、そして八三年からはカール・ラガーフェルドと、責任者の顔ぶれも変わっていった。「クリスタル」(七四年)、「アンテウス」(八一年)、「ココ」（八四年）、「エゴイスト」（九〇年）などの新たな香水も発売された。

マドレーヌ・ヴィオネ

貧しい家庭に育ったマドレーヌ・ヴィオネ（一八七六〜一九七五年）は、十四歳でクチュール・メゾンの見習いとなり、十六歳で一般職人、二十歳でロンドン・ケイト・ライリーのクチュール・メゾンでアトリエ主任になった。その後、キャロ姉妹、次いで、ジャック・ドゥーセのメゾンに迎えられ、一九一二年、自身のメゾンを開店した。

関節の折れ曲がる木製のミニチュア・マネキンを使って、作品に取り組んでいたことでも知られるマドレーヌ・ヴィオネは、〝バイアス・カット〟の推進者で、ドレスに完全な動きを与えることのできるこのスタイルは、同業者の誰もが取り入れるところとなった。「私が証明したのは、生地が身体の上を自由に流れ落ちる様は、とても目に心地よい光景だということです。身体の動きがラインを壊すのではなくて、ラインをもっと美しく見せることができるように、生地にバランスを与えることを心がけました」（雑誌『マリ・クレール』、一九三七年、五月）と語る。「ライン・ドクター」と呼ばれたヴィオネは、一九二〇年代には、見事な古代風ドレープを、三〇年代には、古風なスタイルのドレスを制作する。戦前のマドレーヌ・ヴィオネの名声は、シャネルや、スキャパレリのそれと肩を並べるまでになり、スペイン王妃、ベルギー王妃、ウジェーヌ・ド・ロートシルト男爵夫人、シトロエン夫人、ウィリアム・K・

ヴァンダービルト夫人などの衣装を手がけた。
一九四〇年のマドレーヌ・ヴィオネの引退とともに、クチュール・メゾンは閉店した。

ジャン・パトゥ

ジャン・パトゥ（一八八七〜一九三六年）は、はじめ父親の経営する皮なめし業を手伝い、その後、叔父の経営する毛皮会社に雇われた。一九一一年、みずから毛皮と既製服の事業を起こし、翌一二年には、スーツ、ドレス、毛皮の専門店「パリー」を開店した。第一次世界大戦に召集されたため、みずからのメゾン、「パトゥ」の開店は、一九年になってからであった。メゾンは、とくに二〇年代末に大きな成功を収め、「ギャルソンヌ」旋風が去ってモードが女性らしさと和解する三〇年代になっても、人気は衰えなかった。

ジャン・パトゥは、これまでよりウエストが高く、丈の長いスカートのドレスを創作した。また、二五年、メゾンの一階に、各種スポーツ用のウエアを展示した「スポーツコーナー」を設けるなど、この領域でも専門性を発揮した。とりわけ水着が評判を呼んだ。ジャン・パトゥの目指すものは、機能的な服を提供することであった。「私の作品は、スポーツの実践に適したものとなるようにデザインされている。着心地がよく、見た目もよく、自由に身体を動かすことができるような服を作ることを心がけた」。ジャン・パトゥは完全主義者であって、染色は織る前の糸においてなされることを要求するなど、生地

アンサンブル、ジャン・パトゥ、1923年、原画

の色調にこだわりを見せ、コレクション毎に、新たに色を二色付け加えた（紺色に紫のニュアンスを加えた、有名なパトゥ・ブルーもこの中に含まれていた）。客が身に着ける宝石の輝きに合わせた色を新たに作り出すほど、彼のこだわりは徹底したものだった。二五年には、ポール・ポワレとシャネルに続き、黒髪用の「アムール・アムール」、金髪用の「クセジュ？」、赤毛用の「アデュー・サジェス」の三つの香水を、二九年にはユニセックス用香水「ル・シアン」を市場に送り出した。三一年に発売された「ジョイ――世界一高級な香水」は最もよく売れたものの一つである。

一九三六年の彼の死後、メゾンの経営は、義弟のレイモン・バルバスが引き継ぎ、制作活動の責任は、ジェラール・ピパール、マルク・ボアン（一九四五～四六年、一九五三～五七年）、ロジーヌ・ドゥラマール（一九四六〜四九年）、イヴ・クタレル（一九四九〜五〇年）、マックス・サリアン（一九五〇〜五二年）、ジュリオ・ラフィット（一九五二〜五三年）、マッド・カルパンチエ（一九五七〜五八年）、カール・ラガーフェルド（一九五八〜六三年）、ミッシェル・ゴマ（一九六三〜七二年）、アンゲロ・タルラッツィ（一九七三〜七六年）、ロイ・ゴンザレス（一九七六〜八〇年）、クリスチャン・ラクロワ（一九八一〜八七年）へと移るが、メゾンはクチュール事業を停止する。

リュシアン・ルロン

リュシアン・ルロン（一八八九〜一九五八年）は、高等商業学校HEC卒業後、両親のクチュール・メゾンに入り、ここで最初のコレクションを発表する。第一次世界大戦後は、みずからメゾンの責任者となる。

夫人のパレ皇女（ロシアのパーヴェル大公の娘）にインスピレーションの源泉を得たリュシアン・ルロンの作品は、当時の流行に従いながらも流行にはない優美さを併せ持っていた。ピエール・バルマン、クリスチャン・ディオール、ユベール・ド・ジヴァンシーなど、やがて自分のスタジオからデビューすることになる若い才能を周囲に呼び寄せる力も彼にはあった。一九三四年、著名クチュリエの中では初めて、「リュシアン・ルロン・エディション」のブランド名で、既製服部門を創設した。それは、「生命感のない機械的大量生産とは反対の、選りすぐった職人たちの手作業による、最高級の生地を用いた

ドレス、リュシアン・ルロン、1923年

技術による」ものでありながら、クチュール部門の客にくらべて購買力の低い富裕層を対象にしていた。こうして第二のシリーズを作り、戦後、この方式が拡大することになる。彼はのちに、下着とストッキング類のシリーズのほか、二六年から四八年までのあいだに、三〇種近い香水を売り出した。

リュシアン・ルロンは、モード界においても重要な役割を果たした。一九三六年から四六年までパリ・クチュール組合の会長職にあった彼は、戦時中、パリのクチュールをベルリンやウィーンへ移転させようと画策するドイツの目論見《もくろみ》を阻止することに成功した。彼はまた、解放時、戦時中は国外の顧客との接触を阻まれていたフランス・オートクチュールの復興に大きく貢献した。たとえば一九四五〜六年、ジャン・コクトー、クリスチャン・ベラールに装飾を依頼し、マルサン館で開催した「テアトル・ドゥ・ラ・モード〔モードの劇場〕」と題する、四〇名のクチュリエ（自身のほか、バレンシアガ、ジャン・デセ、ジャック・ファット、ニナ・リッチ、パキャン、スキャパレリ、ランヴァン、パトゥ、ウォルト、マダム・グレなど）の服を着せた人形の展示会、これはやがて世界を巡回することになるが、世界がパリ・モードの卓越性を再認識する機会となったのであった。四八年、リュシアン・ルロンはメゾンを閉じた。

ジャンヌ・ランヴァン

ジャンヌ・ランヴァン（一八六七〜一九四六年）は、一一人兄弟の長女として生まれた。スザンヌ・タルボのもとで見習い針子として雇われたあと、一八八五年、十八歳で帽子職人として独立するが、すぐに注目を集めたのは、自分の娘のために作った子供服の方だった。娘の友達の母親たちから頼まれて、女児用の服を作ると、続いて少女用の服も手がけるようになった。増えつづけるこうした客層の求めに応じるべく本腰を入れて取り組んだ彼女は、真の意味での子供服ファッションの生みの親となった。

一九〇九年、みずからのクチュール・メゾンを設立すると、名声は国際的な広がりを見せ、年齢を問わず数多くの女性が彼女の服を求めに殺到した。戦後になってもこの勢いは止まず、支店の創設、「マイ・シン」（二五年）、「アルページュ」（二七年）などの香水の販売から、アクセサリー、紳士服の販売へと発展を遂げる。イギリス王女、イタリア王妃、ルーマニア王妃、マレーネ・ディートリッヒ、アンナ・

ドレス、ジャンヌ・ランヴァン、1921年、原画

ド・ノアイユなども、彼女の客として名を連ねた。「現代服は、ある種のロマンティック性を必要としており」、クチュリエは、「平凡で、単に実用的なだけの服は作るべきではない」と確信していたランヴァンは、アトリエで彼女が作らせる刺繍に表われているように、細部に対して非常な注意を払い、きわめて優雅なドレスを仕上げていた。しかし、ランヴァンは、四五年にヴォーグのインタビューで、一つのスタイルに固執することをみずからに禁じている、と語っている。「ここ数年、私のコレクションの観客は、好んでそこに〈ランヴァン・スタイル〉を見出しています。この言い方がよく使われていることを私も承知していますが、私は、一つのジャンルに執着したことはなく、特定のスタイルを強調しようとしたこともありません。そうではなくて、私は毎シーズン、時代に漂う微《かす》か

な空気を感じようと努め、浮かんだアイディアに基づいて、私の束の間の理想を現実化していくことを考えているのです」。ジャンヌ・ランヴァンは、繊細な色使いをすることでも注目され、フラ・アンジェリコの絵画から着想を得た「ランヴァン・ブルー」はとくに有名である。

一九四六年にランヴァンが死去すると、メゾンの経営は娘のマリー＝ブランシュ（のちのド・ポリニャック伯爵夫人）に任され、マリー＝ブランシュが五八年に他界したあとは、イヴ・ランヴァン夫人が引き継いだ。その後制作責任者は、パキャンの店から移ってきたアントニオ・デル・カスティヨ（スペイン人。六三年にみずからのメゾンを設立）、ニナ・リッチの前モデリスト、ジュール＝フランソワ・クラエ（ベルギー人。一九六三〜八五年）、マリル・ランヴァン（一九八五〜八九年）、クロード・モンタナ（一九九〇〜九二年）、ドミニク・モルロッティの順で代替わりした。九三年以降、ランヴァンはオートクチュールから身を引いている。

クリストバル・バレンシアガ

クチュリエールを母にもつクリストバル・バレンシアガ・エイサグリ（一八九五〜一九七二年）は、マドリッドの仕立屋で修業を積んだあと、十六歳でサン・セバスチャン〔バスク地方〕にクチュールのアトリエを開く。その後、マドリッドとバルセロナにも出店し、パリから入荷した作品を、顧客に合うよう手直しをしたりしていた。内戦中、スペインを脱出してパリへ逃げのび、この地で最初のコレクション発表会を開き、大成功を収めた。

「設計においては建築家、造形においては彫刻家、色彩においては画家、調和においては音楽家、寸法においては哲学者になるべき」との主張をもつバレンシアガは、事実、自己の芸術を完成の域にまで高めた。彼の作品は、カッティングとシルエットにおいて非の打ちどころがなく、人びとは賞賛を惜しまなかった。「模倣しがたいシンプルさ、何人も決して真似できなかった精密な組み立ての秘密と卓越した技法」（カーメル・スノー、雑誌『ハーパース・バザー』）は、ウィンザー公爵夫人、モナコのグレース妃、ジャッキー・ケネディなどを魅了しつくした。彼は、「西洋世界がかつて経験したことのない職人的センスで裁断する、偉大なクチュリエ」（ダイアナ・ヴリーランド）であり、ココ・シャネルに、「自分の手で、生地を切ったり、組んだり、縫ったりできるのは彼ぐらいで、彼を除く他のクチュリエはみんな単なるデシナトゥール〔デッサン画家〕にすぎない」とまでいわせた。そんな模範的クチュリエの彼を師と仰ぐ人は少なくない。彼のアトリエからデビューを飾ったアンドレ・クレージュ、エマニュエル・ウンガロ、ラモン・エスパルサ、オスカル・ド・ラ・レンタなどの他、ユベール・ド・ジヴァンシーやマダム・グレも、その例だった。

バレンシアガは数多くの香水を世に送り出している。一九四八年の「ル・ディス」と「ラ・フュイット・デ・ズール」、その後は「カドリーユ」、「シアレンガ」、「ミッシェル」などである。男性用にも「ホー・ハング」と「ポルトス」を作っている。

クリストバル・バレンシアガは、六八年に引退すると同時に、メゾンも閉じた。だが八六年になり化粧品グループのジャック・ボガールによって、メゾンは再興され、ミッシェル・ゴマ、次いで、ティミスターとニコラ・ゲスキエールがデザインしたプレタポルテ（生前のバレンシアガが頑なに拒否し続けた）のコレクションを多数販売した。

ニナ・リッチ

マリア・ニエリ（一八八三〜一九七〇年）は、十三歳で見習い裁縫師となり、十八歳でアトリエ主任、二十二歳で主任モデリストを務めた。イタリア人宝石商を父にもつルイージ・リッチとの結婚を経て、ラファン・メゾンと共同で「ラファン・エ・リッチ」ブランドを設立、その後、息子のロベールの助けを借りて、自分のクチュール・メゾンを開く。

彼女の作品は、贅沢な素材、文句のつけようのない技術、シルエットと身体の動きの完璧さに特徴があった。この完璧さは作品をマヌカンに直に着せながら作ることによって得られたものだ。また、ニナ・リッチは、「女性を利用《スセルヴィール》するのではなく、女性に奉仕《セルヴィール》する」ことを信条としていたので、結果的にそのスタイルは、人工的な効果の追求を排除した、控えめで上品なスタイルとなり、それがブランドイメージとして定着していった。一九三〇年代の恐慌期には、時代に合わせ、価格を抑えた服（ランヴァンやスキャパレリの三分の一ほどの低価格）を提供したが、おそらくこのことも彼女の成功に大きく貢献したのだろう。この「ジュヌ・ファム〔若い女性〕」と命名された低価格コレクションは、戦後の高級プレタポルテの到来のさきがけとなった。彼女は、また、「クール・ド・ジョワ」（四六年）、「レール・デュ・タン」（四八年）、ラリック作の瓶が見事な「フィーユ・デーヴ」（五四年）など、数多くの香水を生み出している。

ニナ・リッチ引退後は、五四年にモデリストとしてメゾンに入った、ジュール＝フランソワ・クラエがクチュール責任者となり、六四年にはピエール・バルマン、続いてファット、そしてクロエでモデリストをしていたジェラール・ピパールへと引き継がれた。八八年、ロベール・リッチは、エルフ＝サノフィ・グループが、メゾンの資本の四九・九パーセントを掌握することを認め、そして、九八年、メゾンはスペインのプイグ社に買収される。九九年、メゾンのクチュール業務は終了した。

マダム・グレ

ジェルメーヌ・バルトン（一九〇三〜九三年）は、あるメゾンで修業を積んだあと、一九三〇年にスティリスト〔素材からデザインまですべての過程を指示し決定する人〕として独立、綿布のトワル作品をパリのクチュリエ相手に卸すというようなことをしていた。三四年、協力者を得て、メゾン・アリックス・バルトン・クチュールを設立。このアリックスでスティリストを務めた彼女は、三九年の万国博覧会で一等賞を獲得するなど、大きな成功を収め、ロートシルト男爵夫人、マレーネ・ディートリッヒ、エディット・

ピアフ、マドレーヌ・ルノー、アルレッティーなど、当時第一級の有名人からの注文を受けた。四二年、協力者とのあいだでトラブルが発生したため、自身のメゾンを設立、アーティストの夫君の名をとって、「グレ」をメゾン名とした。しかし、発表した最初の作品群に、三色旗をあしらった作品を入れたことが問題になり、一年間メゾンを閉鎖しなければならなかった。

マダム・グレのスタイルは、若いころ興味を持っていた彫刻の影響を受けている。「私はずっと、身体の構造や生地の自然な動きに気を配ってきました。私はシルエットに、より自由な印象や柔軟性を持たせるため縫い目を少なくします。よりほっそり見えるようにしたり、胸の位置がより高くなるようにしたりするのは、着る人の体型をもっと美しく見せたいという、私の思いからきています。見る人には、ドレスによって隠された身体を想像してほしいと思っています」。彼女の作品は、「女性らしさの尊重、き出しの本能を感じさせる」(L・フランソワ『いかにして名前はブランドになるのか』、一九六二年、ガリマール)。厳格なライン構成、採算を度外視したつくり、威厳のある物腰や、それと矛盾するように見えるが、むき出しの本能を感じさせる」

流行には頓着せず、ひたすら女性の引き立て役になることだけを考える彼女は、マヌカンに直接着せて、布を切ったり、ピンで留めたり、彫ったりしながら、作品をひとりで制作するという手法をとった。これは最初から最後まで一貫していた。

マダム・グレは五九年の「カボシャール」「グレ・プール・オム」「キプロコ」などの香水や、スカーフ、マフラー、そしてカルチエのためのジュエリーなどを送り出している。八〇年には、初めてのプレタポルテのコレクションを手がけた。「面白いことではないけど、仕方ないわ。技術をすべて商売に注ぎ込むことが仕事」（『コティディアン・ドゥ・パリ』、一九八〇年三月二十六日）と語る。八四年、マダム・グレのメゾンは、ベルナール・タピーに所有権が移るが、二年後には、ジャック・エステレル・グループに再度売却された。メゾンは、八七年に清算され、ブランドは日本の八木通商が買収した。

チャールズ・ジェームズ

アメリカ人の母と、イギリス人の父をもつチャールズ・ジェームズ（一九〇六〜七八年）が、シカゴに婦人帽子店を開いたのは、一九二六年、二十歳の時であった。家族の名声も手伝って、彼の評判はたちまちのうちに広まり、多くの顧客を抱えることとなる。ほどなくして、評判はヨーロッパにまでおよび、一九三〇年代初頭、ロンドンとパリでコレクションを発表した。「世界にたった一人の真のクチュリエ」と、バレンシアガにいわせ、ポワレやディオールからも超一流と認定されたチャールズは、社交界の有名人のみならずエルザ・スキャパレリや、ココ・シャネルからも注文を受けた。

　完璧に身体にフィットする、時代を超えたファッション性を備えた彼の作品の特徴は、とくにボリュームの構想にある。彼はどのドレスのためにも鯨《バレーヌ》のひげや、馬毛やチュールなどを使ってまさしく内部建築ともいうべきものを作るので、時として中に入れなくなり、彼自身がハサミで切り開かなければならないこともあった。完璧主義者の彼は、何カ月客を待たせても意に介することなく、細部の調整に何百時間も費やすかと思えば、改善の余地が見える場合には客の家に作品を持ち込んで研究したりすることさえあった。

チャールズ・ジェームズは、また一九三〇年代、アメリカのデパートのために、いくつものプレタポルテのコレクションを手がけ、四〇年から四五年のあいだには、エリザベス・アーデンのファッション部門に、プレタポルテを提供した。

スキャパレリ

エルザ・スキャパレリ（一八九〇〜一九七三年）がパリへやって来たのは、三十二歳の時だった。離婚を経験し、子供を養わなければならなかった彼女は、スポーツウェアや、セーターのデザインをして生計を立てた。一九二八年、ブティック「プール・ル・スポール」を開店。厚手のセーターや、ゴルフ、テニス、スキー、水泳用のウェアの他に、多くの付随商品の販売を始めたあと、二九年、創作領域を一般女性服にまで拡大し、「プール・ラ・ヴィル、プール・ラ・ニュイ」を設立した。

スタイルの違いこそあれ一九三〇年代は、エルザ・スキャパレリとココ・シャネルの時代だった。バレンシアガは面白いことをいっている。「ココには趣味というものがほとんどなかったが、しかし持てるわずかの趣味は悪いものではなかった。対して、スキャパレリにはたくさんの趣味があった。しかし、悪趣味であった」と。確かに、スキャパレリは、この上なくおとなしいイブニング・ドレスを作る一方、「靴型帽子」のようなショーの話題をさらうエキセントリックな作品も手がけるような人物だった。「サーカス」「身近なもの」など、テーマ性を持つスキャパレリの各コレクションは、着想の豊かさによって注目され、賞賛を受けた。ユベール・ド・ジヴァンシー、ピエール・カルダン、フィリップ・ヴネら、若手モデリストたちに囲まれ、ジャン・コクトー、サルバドール・ダリ、ジャコメッティなど多くの芸術家にコラボレーションを求めながら仕事をした彼女の作品には、格別の独創性があった。彼女は、三四年の「ススィ」、「サリュー」、それに「スキャップ」、三七年の「ショッキング」、三八年の「スリーピング」、三九年の男性用香水「スナッフ」など、数多くの香水を送り出している。

スキャパレリのメゾンは戦後再開したが、以前のような成功を見ることはなかった。五四年、エルザ・スキャパレリはクチュール活動を停止、プレタポルテのシリーズをライセンス制作するにとどめる。

Ⅲ　一九五〇年代

戦時中は顧客数が激減し充分な備蓄が欠如したため、多くのメゾンが軒並み閉店に追い込まれるという困難な時代であった。戦後になると、クリスチャン・ディオールの優雅さと優美さへの回帰を示す「ニュー・ルック」とともに、フランスのクチュールは再生を果した。ピエール・バルマン、ユベール・ド・

ジヴァンシー、カルヴァン、テッド・ラピドゥス、ジャック・ファファットが先を争うように最初のコレクションを発表した。

クリスチャン・ディオール

クリスチャン・ディオール（一九〇五～五七年）は実業家の家庭に生まれるが、一九二九年の大恐慌の時、一家は財産を失ってしまう。ディオールがこの世界に入るのはかなり遅く、四十二歳の時であった。パリ自由政治学院で学んだあと、画廊の支配人となった彼は、ロベール・ピゲにモデリストとして雇われ、戦後は、ピエール・バルマンとともに、リュシアン・ルロンのコレクション全般の責任を任された。四六年、ディオールはマルセル・ブサックの援助を仰いで、自分のメゾンを設立した。

一九四七年二月十二日の最初のコレクションは「ニュー・ルック」（この呼称は、アメリカの月刊誌『ハーパース・バザー』の編集長、カーメル・スノーによるもので、原文は、「It's quite a revolution, dear Christian. Your dresses have such a new look!」）を世に送り出すものであって、戦争期の味気ないモードを払拭する女性らしい優雅さへの回帰を特徴づけた。「私たちは、戦争の時代、制服とかボクサーのようにたくましい肩幅をもつ女性兵士の時代から抜け出そうとしていた。私は、柔らかい肩と、豊満な胸、蔓のようにスマートな身体に、花冠のような大きなスカート、こんな花のような女性をデッサンしようとした」「女性本来の身体つきに合う、曲線の映えるドレスが作りたいと思った。そこで、ウエストとヒップを際立

「バー・スーツ」、クリスチャン・ディオール、1947年、グリュオー画

たせ、バストを強調したのだ。作品に品格を与えるため、平織綿布やタフタで裏をつけ、長いあいだ埋もれていた伝統を復活させた」とディオールは回想録（『クリスチャン・ディオールと私』、一九五六年、ビブリオテック・アミオ）に記している。クリスチャン・ディオールの成功は電撃的であった。四七年から五七年までのあいだに、メゾンの従業員は早々と一〇〇〇人を超え、一〇万着のドレスを売りさばいた。「ジグザグ」「サイクロン」「ヴァーティカル〔垂直〕」「オブリーク〔斜め〕」「シニューズ〔曲線的な〕」「チューリップ」「H」「A」「Y」などのシリーズも同様の成功を収めた。香水に関しては、四七年に「ミス・ディオール」を発表している。クリスチャン・ディオールはライセンスビジネスの先駆者でもあり、ストッキングのブランドに自分の名前を入れさせた最

初のクチュリエである。

クリスチャン・ディオールのキャリアは一九五七年、早すぎる死によって唐突に断ち切られた。ディオールのメゾンは、イヴ・サン＝ローラン（一九五七〜六〇年）、マルク・ボアン（一九六〇〜八九年）、ジャンフランコ・フェレ（一九八九〜九七年）へ、九七年一月からはジョン・ガリアーノへと引き継がれ、現在も依然としてパリの有力なクチュール・メゾンの一つである。

ピエール・バルマン

裕福な家庭に生まれ育ったピエール・バルマン（一九一四〜八二年）が、建築学の勉強をあきらめ、モリヌーにてスティリストとしてデビューしたのは、彼が二十歳の時だった。そこで五年間働いたあと、リュシアン・ルロンに移り、一九四一年には、ディオールとともに、全コレクションの統括責任者となった。四五年の秋にはみずからのメゾンを設立、ただちに友人ディオールの「ニュー・ルック」路線に加わり、フランス・クチュール界の再興に尽力した。

五〇年代を象徴する彼のシルエットは、エレガントで洗練された女性をイメージさせるものである。四九年に発売された香水「ジョリ・マダム〔きれいなご婦人〕」のように、深い襟ぐりでふくよかな胸元を見せ、ゆったりとはしているが、ウエストの細さは強調するというドレスのシルエットである。タイのシリキット王妃の専属クチュリエを務めたピエール・バルマンは、ブリジット・バルドー、マレーネ・

ディートリッヒ、ソフィア・ローレン、キャサリン・ヘップバーン、パリ伯爵夫人などからも注文を受けた。クラシックでエレガント、洗練され、落ち着きのある点が、ピエール・バルマンの作品の特徴であるが、七〇年代にダチョウ革のバイクスーツを、おそろいのフルフェイスのヘルメットとブーツを加えて発表し、人びとをアッといわせることもあった。ピエール・バルマンはレブロン社にプレタポルテのライセンスを譲り、「エリゼ64－83」（四六年）、「ヴァン・ヴェール」（四七年）、「ミス・バルマン」（六〇年）、「ムッシュー・バルマン」（六四年）、「イヴォワール」（七九年）、「エベーヌ」など多くの香水を作るが、その製造と開発の権利も売却した。

一九八二年のピエール・バルマンの死後、作品の制作は、五一年から彼の第一助手を務めていたエリック・モルテンセンが引き継いだ。モルテンセンはのちに「デ・ドール賞〔金の指貫賞〕」に二度輝いている。九〇年から九二年まではエルヴェ＝ピエール、九三年の一月からはオスカー・ドゥ・ラ・レンタが指揮を執った。その後、オスカー・ドゥ・ラ・レンタは、バレンシアガ、ランヴァンに移籍し、やがて自身のメゾンをニューヨークに開店するに至るが、そのスタイルはピエール・バルマンの路線を踏襲している。

ユベール・ド・ジヴァンシー

ユベール・ジャム・タファン・ド・ジヴァンシー（一九二七年～）は、法律学を学んだあと、国立高等美術学校《エコール・デ・ボザール》へ進んだ。彼はジャック・ファット、ピゲ、ルロン、スキャパレリと職場を転々と

イブニング・ドレス、ジヴァンシー、1974年、原画

し、一九五一年、みずからのメゾンを設立した。五二年の最初のコレクションは、四七年のクリスチャン・ディオールの「ニュー・ルック」以来の成功を見た。これにより、彼のコレクションは大量販売が可能になり、とくにアメリカで好評を博した。

ジヴァンシーは、フランス・クチュールの伝統と、師であり友人でもあるバレンシアガの教え、とりわけ裁断や仕上がりの質を重視する点に忠実で、簡素で、エレガント、クラシックな作品を発表した。「ド・ジヴァンシー」や「ランテルディ」（ともに五七年）、「ムッシュー・ド・ジヴァンシー」に「オー・ド・ヴェティヴェ」（ともに五九年）、「ジヴァンシーⅢ」（七〇年）、「ジヴァンシー・ジェントルマン」（七五年）、「オー・ド・ジヴァンシー」（八〇年）などの香水も、同様の成功を収めた。プレタポルテに関しては、女性用の「ジヴァンシー・ユニヴェルシテ」（五四年）や「ジヴァンシー・ヌーヴェル・ブティック」（六八年）、男性用の「ジェントルマン・ジヴァンシー」（七三年）を発表、他にも化粧品を売り出すなど、ジヴァンシーは活動領域を徐々に拡大し、それと並行して、メゾンはライセンス契約を用い、海外、とくに極東、アメリカ、東南アジアなどに進出した。だが、八九年にLVMH（モエ・ヘネシー・ルイ・ヴィトン）に買収される。

九五年のユベール・ド・ジヴァンシーの引退後は、英国人のジョン・ガリアーノがスタジオのチーフを引き継ぐが、一年後の九六年にはスコットランド人のアレクサンダー・マックィーンが抜擢された。ちなみに、両者ともロンドンのセントラル・セント＝マーチンズ・カレッジ・オブ・アート・アンド・デザイン出身である。

カルヴァン

カルメン・マレ（一九〇九年〜）は、国立高等美術学校《エコール・デ・ボザール》で建築学を修めたあと、一九四四年、カルヴァンの名でクチュール・メゾンを設立した。最初は、予算を抑えた低価格の作品を制作したが、パリが占領から解放されるのを待ってパリ・クチュール組合に加盟した。

身長わずか一五五センチのカルヴァンが目指したのは、小柄で、小太りな女性や、少女、子供など、それまでオートクチュールが見落としていた女性たちへ衣装を提供するということであった。カルヴァンは彼女らのために、「シンプルで、かわいくて、ちょっと女の子っぽく」、流れるようなラインで、淡い色調の服を制作した。最初のコレクションを開くや、「小柄の女性に服を提供する大《グラン》クチュリエ、これこそパリになかったもの」（リュシアン・フランソワ『フィガロ』紙）、などと評され、彼女の当初の目標は見事に達成された。疲れを知らぬ彼女は、四四年から九三年にマギー・ミュジーによって事業を引き継がれるまで、少しの中断もなく創作活動に没頭し、作品はつねに称賛を得た。「楽にイマジネーションが湧いて出たのは幸運だったわ。コレクション制作を大変だと思ったことはないし、むしろ楽しんでいたの。年三〇〇のモデルをイマジネーションから引っ張り出すのに苦労したことはないのよ」という。制服のデザインも数多くこなしたが、とくにマダム・グレとの共作である、エール・フランスのスチュワーデス用の制服はよく知られている。四五年から香水「マ・グリフ」を発表しているが、やがて香水の他、プレタポルテとアクセサリーのライセンス生産にも乗り出し、世界中で、とりわけ日本において成功をおさめた。

メゾンは、九八年に香水製造業者ダニエル・アルランが買収し、みずからが社長に就任し、芸術部門はエドワール・アシュールが担当することになった。

テッド・ラピドス

シモン・ラピドス（一九二九〜二〇〇八年）は、仕立屋の息子として生まれた。ダルー専門学校で裁断技術を学んだあと、一九四九年クチュール・メゾンを設立し、六〇年に最初のブティック「テッド」を開店。六四年にはパリ・クチュール組合への加入を果たした。

ビートルズ、ブリジット・バルドー、フランク・シナトラなどの衣装を手がけたテッド・ラピドスの作品の特徴は、古典的エレガンスにある。彼は「衣装のエンジニア」の異名をとり、「機械に美の言語を教え込む」べく、六四年、大量生産のプレタポルテ・シリーズ「ラ・ベル・ジャルディニエール」を発表した。彼のプレタポルテは大好評を博したが、中でもサファリジャケットとマリン・ブレザーはとくに有名である。彼はまたユニセックス・モードの出現にも貢献している。

息子のオリヴィエ・ラピドス（一九五八年〜）は、パリ・クチュール組合付属学校で学んだあと、オリヴィエ・モンタギュー・オー・ジャポンのシリーズなど、多くのコレクションを制作した。父親が八六年に売却したブランドを八九年に買い戻し、パコ・ラバンヌのように、新素材（ニンジンやブドウの木の繊維、ポリ塩化ビニール、電子機器用の素材、太陽熱吸収材、ホログラムなど）を用い、エレガントな作品を発表した。毎回新しいテーマ（九四年の「シルク讃歌」、九五年の「視覚ゲーム」、九六年の「偶像芸術に敬意を表わして」など）を掲げて、創意に満ちたコレクションを発表するオリヴィエ・ラピドスは、生命とテクノロジーの革新に向かって開かれたクチュールを唱えている。九四年、「デ・ドール賞」を受賞した。

ジャック・ファット

曾祖母がウジェニー皇后付の裁縫師であったジャック・ファット（一九一二〜五四年）は、最初は両替商で会計係を務めながら、家に戻るとひとり帽子の制作や服のデザインに励み、いくつものクチュリエを訪ねては売り込みを試みていた。この試みは、多くの場合実を結ぶことはなかったが、モードの魅力に取りつかれていた彼は、一九三七年、従業員三人と一緒に小さなアトリエを設立する。翌三八年、シャネルの秘書で売れっ子マヌカンだった、ジュヌヴィエーヴ・ブシェ・ド・ラ・ブリュイエールと結婚、このころから名声は富に高まっていった。

「ディオールはブルジョワすぎるが、バルマンは地味すぎる、バレンシアガはちょっと近寄り難い、そう感じる女性のためにジャック・ファットは新しい選択肢を提供した」と、プルーデンス・グリンがいうように、彼の服は控えめさと高度なエレガンスを兼備していた。ジャック・ファットはマダム・グレにならって、直接マヌカンに生地をまとわせて制作する方法をとっていたので、動きの面で質の高い作品を作ることができた。リタ・ヘイワースがアリ・カーンとの結婚の際着用した衣装や、キャサリン・ヘップバーン、それにヴァンダービルト夫人、ヴィンセント・アスター夫人などアメリカの富豪たちの衣装も手がけた。これらの顧客はまた彼にとって友人でもあって、ポール・ポワレがそうしたように、所有するコルブヴィル城において華麗なレセプション、舞踏会、仮装パーティーを開催しては、伝説的となっているその微笑みで彼女らを迎えた。

アンサンブル、ジャック・ファット

有能な実業家でもあるジャック・ファットは、オートクチュールと並行してプレタポルテ事業にも力を入れ、早くも四八年には、「ジャック・ファット・フォー・ジョセフ・ハルパート」コレクションを設立、アメリカにライセンスを譲渡した。その後はクリスチャン・ディオールの路線に従い、全世界へ事業を展開する。また、五〇年の「クチュリエ・アソシエ」(第一章三五頁参照)の試みに参加したあと、彼は企業家のジャン・プルヴォストと共同で、プレタポルテ・コレクション「ファット・ユニヴェルシテ」をフランスでスタートさせた。一九四九年からは、「イリス・グリ」「ファット・ド・ファット」「カナスタ」「オー」「グリーン・ウォーター」など香水の販売にも乗りだした。

ジャック・ファットは、一九五四年十一月、あまりにも早い死を迎えた。メゾンは、その後、彼の妻によって引き継がれるが、五七年には閉店、その後、八九年にエドモン・ド・ロートシルトに、九一年にはサガ銀行に買い取られ、九二年には活動を再開する。九七年、ＥＫファイナンス・グループはオクタヴィオ・ピサロを作品制作の責任者に指名した。

Ⅳ　一九六〇年代

一九六〇年代は、過去に例を見ない革新的なコレクション（一九六五年）によって新たな展望を切り開いたアンドレ・クレージュが際立っている。ピエール・カルダン、パコ・ラバンヌも、この未来派モードの一翼を担う中心人物であるが、イヴ・サン＝ローラン、ヴァレンティノ、ジャン＝ルイ・シェレルなどは正統的なものへのこだわりを見せた。

ピエール・カルダン

ピエール・カルダン（一九二二年〜）は、十四歳の時、サンテチエンヌの仕立屋、ボンピュイに入り、その後、ヴィシーの紳士服の仕立屋、マンビーに移る。一九四五年パリに出て、パキャン、スキャパレリと職場を転々としたあと、四六年、クリスチャン・ディオールでプルミエ・タイユール（スーツ部門

アンサンブル、ピエール・カルダン、1992年、原画

主任」の地位を得た。五〇年、クリスチャン・ディオールから独立、仕立服やコート、舞台やダンスの衣装を作るアトリエをリッシュパンス通りに開く。五三年、フォブール・サントノレ通り一一八番地に移転、最初のコレクションを発表し、たちまちのうちに成功を収める。五七年にはパリ・クチュール組合への加入が認められた。

　オートクチュールは「モードの実験室」であるべきだ、とはピエール・カルダンの持論であり、最初期のコレクションからすでに革新への意志を鮮明にしていた。カルダンは未来派モードの立役者を演じるとともに、六七年に合成繊維で型をとった奇抜なドレス、「カルディーヌ〔フランス語でカルダンの女性形〕」を発表するなど、未知の幾何学研究に打ち込む実践家でもあった。カルダンは完全に六〇年代未来派モードの中枢にいた。それまではもっぱら女性と子供を対象としていたオートクチュールであったが、六〇年、彼の手によって初めて紳士服のコレクションが実現した。しかも特筆すべきはモデルに大学生を起用したということだ。同じ年、ピエール・カルダンはプレタポルテ・コレクションを販売する最初のクチュリエの一人となり、これが原因で、一時的ではあるが、パリ・クチュール組合からの脱退を余儀なくされた。

ピエール・カルダンは、香水（「ショック」「マキシム」「ローズ・カルダン」「エニグム」「オフェリー」「ケンタウロス」「オルフェ」「トリスタン・エ・イズー」）、喫煙バー「マキシム」、レストラン「ミニム」、商店（花屋「マキシム」、フルーツ店「マキシム」）、消費財（編物用の糸、シャンパン、化粧品、トヨタRAV4「ピエール・カルダン」）、健康用品（懐炉など）と、事業の多様化を図っていった。銀行からの借り入れは一フランもないと豪語するピエール・カルダンだが、彼のアイディアの製品化に携わる人員は世界で二〇万ないし二五万人を数え、この一大帝国のトップの座に君臨している。カルダンはクチュリエとしての本来の才能を超えて、オートクチュール史上、経済的に最も成功した例となった。

アンドレ・クレージュ

アンドレ・クレージュ（一九二三年～）は、国立土木建築学校と高等服飾産業学院で学んだあと、クチュリエール、ジャンヌ・ラフォリーの店でデシナトゥール（デッサン画家兼デザイナー）を務める。一九四八年、バレンシアガに移り、ここで裁断に従事するかたわらクチュールを学び、六一年、妻コクリーヌと共同で自身のメゾンを設立した。

クレージュの創作対象は現代の女性である。「私は、身体の自由な動きということをいつも念頭に置き、ダイナミックで動きのあるモードを追求してきました。こんにち、女性の解放ということがよくいわれていますが、女性は身体的にも解放されなければなりません。身体を動かすことなく、家庭にじっとしているための服を作ることなど御免こうむりたい」と語っている。斬新で、未来的といっていい彼の一九六五年のコレクションは六〇年代モードを特徴づけるもので、彼の名声はこれによって決定的となった。披露されたミニスカート、パンタロン、身体にぴったり吸い付くような白いウールのコンビネゾン〔つなぎ服〕を着用した「子供のような女性」は、従来のものとはまったくスタイルが異なり、これによってオートクチュールは一挙に現代化してしまった。クレージュは、「女性を二十歳若く見せてしまう」（E・ルモワン＝リュスィオニ『ドレス』、一九八三年、スイユ）、「この男が躍起になっているのは、女性のラインを隠し、少女に変えてしまうという、女性の性の破壊である」（雑誌『パリ・マッチ』）とまでいわれた。「アンドレ・クレージュのメッセージはこの上なく明快だ。きわめて大胆な、洗練されたスタイル、プロポーションの正確さを科学的に追求する姿勢、これらが作品にとても斬新で、意表をつく数学的美しさを与えている。（中略）スプートニクが発射される以前には、誰もこのようなものは想像さえできなかったであろう。わずか数シーズン前まで、クレージュは宇宙人か何かだと思われていた。それほど彼は時代に先んじていたのだ。しかし今回、（中略）このコレクションを見た人びとは、時代とモードが激突する稀有な機会に遭遇し、驚嘆したのだ」（雑誌『クイーン』から抜粋、V・スティールが『二十世紀に服を着る』で引用している）。ロラン・バルトは、「クレージュが夢中になっている「新しさ」をこれから体験する女性は、実はそれをもうすでに経験してしまっている（経験することができた）ということを、シャネルの不変的なシックはわれわれに教えてくれている」（雑誌『マリー・クレール』、一九六七年九月）と述べている。

もう一つ彼が革新的だったのは、六五年からすでに、オートクチュールは「プロトティップ」、プレタポルテは「クチュール・フュチュール」、そしてニットなど安価なものは「イペルボル」として他のショーと同時に発表するという、コレクションの三カテゴリー化を実践したことである。クチュリエとしては珍しくクレージュは、ポーにある自己所有の工場でプレタポルテ生産を行ない、やはり自己所有のブティックの販路を使って商品を捌《さば》いた。しかし、八〇年代に入るとその手法を放棄して、他のクチュリエと同様に、積極的にライセンス戦略を展開していく。活動初期にロレアルと協力関係にあったこともあり、彼がクチュールの枠を跳び越えるのに時間はかからなかった。香水のシリーズ（七一年の「アンプラント」、七七年の男性用香水「FH77」と「ロー・ド・クレージュ」、七八年の「アメリック」、八三年の「クレージュ・イン・ブルー」）の他、アクセサリー、ワイン、マンション、美容室などにも進出した。マートラ・シムカ・バゲーラ、トヨタ、メルセデスの四輪駆動車なども手がけた。クレージュにとって、ブランドというのは何よりもまず、啓示するものなのであって、そこからクレージュの建築、メゾン・クレージュの下着類、クレージュの車が生まれる。今手がけなければならないのは、自然と共存できるモダンライフの考案者としてのクレージュだ。生き方に関するアンドレ・クレージュの一貫した思想について語ることはできるが、ライフスタイルの領域においては今後の展開を待たなければならない。

イヴ・サン＝ローラン

イヴ・サン＝ローラン（一九三六～二〇〇八年）は、バカロレア取得後、パリ・クチュール組合付属の学校で学び、その後、国際羊毛事務局のコンテストに応募し、優勝。この時、クリスチャン・ディオールの目にとまったのが縁で、アシスタントに採用された。一九五七年にディオールが亡くなると、後継を任される。五八年、最初のコレクションにおいてトラペーズラインを発表し、大成功を収めた。イヴ・サン＝ローランは六一年、短い兵役終了後ディオールに戻るつもりでいたが叶わず、ピエール・ベルジェと共同でみずからのメゾンを開くことにした。

ディオール時代から一貫して、彼のコレクションはフランス・クチュールの比類なき創造性とエレガンスを象徴するものとして高い評価を受けていた。イヴ・サン＝ローランの哲学は「流行は過ぎ去り、スタイルはとどまる。私の夢は、一時の流行に流されずに、女性が自分に自信が持てるようなクラシックで衣装の基礎となるものを提供することなのです。私は女性たちをもっと幸せにしたい」（L・ブナイム『イヴ・サン＝ローラン』、一九九三年、グラセ）と単純明快だ。彼の作品の中でもとりわけ、ミニドレス、パンタロン・スーツ、ブラウス、ピージャケット、スモーキング、サファリジャケットなどは、女性服として揺るぎない地位を築いた。つねにクラシックで控えめな作品を作り続けたが、現代絵画などからインスピレーションを得ることもあった。たとえば、六五年のコレクションはモンドリアンからの、六六年はポップ・アートから、七九年はピカソからの影響が明瞭である。また、アフリカ（六七年）や、ロシア（七六年）、スペイン・中国（七七年）の民族衣装をテーマにしたコレクションなどもある。彼の作品はいつも、モード批評家や同業者の関心の的であって、ピエール・ベルジェは「彼が、ディオール、シャネル、バレンシアガ、スキャパレリ、ヴィオネなど先人の恩恵を受けているのは確かだが、それと同様に、後人が彼に負うところも多大である」と述べている。それは誰もが認めるところである。

ピエール・ベルジェとイヴ・サン＝ローランは、クチュールの知名度を利用しながら他の商品開発の必要性をいち早く理解し、一九六六年、プレタポルテのシリーズである「サン＝ローラン・リヴ・ゴーシュ」を発表、香水はまず「Y」（六四年）、ついで「リヴ・ゴーシュ」（七一年）、そして世界的大ヒットとなった「オピオム」、「YSLプール・オム」（七一年）、「クーロス」（八一年）、「パリ」（八三年）、「シャンパーニュ」（九三年）と発売していった。イヴ・サン＝ローランは、また化粧品、毛皮、宝飾、マフラー、革製品、眼鏡、タバコなどにも署名を入れた。メゾンは当初、アメリカ人、ジョン・マック・ロビンソンからの出資で支えられていたが、六五年にはチャールズ・オブ・ザ・リッツへ、七二年にはピエール・ベルジェとイヴ・サン＝ローランへ、九三年にはエルフ・サノフィ・グループへ、そして九九年にはPPR（ピノー・プランタン・ルドゥート」社へと出資者が変わっていった。同九九年、イヴ・サン＝ローランの後任という重圧のかかるプレタポルテ主任をアメリカ人、アルベール・エルバスが引き継いだ。オートクチュールに関していえば、「クリエイターとともに消滅するだろう。イヴの後継者は現われないだろう」と、ピエール・ベルジェは断言している。

パコ・ラバンヌ

バレンシアガで裁縫・裁断主任《プルミエール・マン》だった女性を母に持つフランシスコ・ラバネダ・クエルボ（一九三四年〜）、のちのパコ・ラバンヌは、スペインのサン・セバスチャンに生まれた。国立高等美術学校《エコール・デ・ボザール》で建築学を学んだあと、数年間、オートクチュール用アクセサリーの制作に従事、その後一九六六年、最初のコレクションを発表した。

最初のコレクションは、「近代的素材を使用した、実験的要素が過剰であるため実際には着用不能の一二着のドレス」（たとえば、ロドイドの薄板を金属製のリングでつないだりした）を素足のマヌカンに着せ、ブーレーズの音楽に乗せて歩かせるというもので、センセーションを巻き起こした。「モードとは、その時代の政治的、社会的、芸術的状況を反映するものだ。モードは、それゆえ時代のあらゆるタイプの嗜好に関係する。画家や彫刻家らの探求心が実現した成果と、この業界に蔓延する信じ難い保守性とのギャップ、これを目にするたびに私はうんざりさせられていた。自己の殻に閉じこもり、時代に背を向けていたこの芸術の中に、私がプラスティックや革、金属など前代未聞の諸要素の使用を持ち込んだのもそのためだ」（雑誌『ル・フェ・ピュブリック』、一九六九年三月）という。シャネルから「冶金業者」などと揶揄されたパコ・ラバンヌだが、七一年にはパリ・クチュール組合加入を果たした。彼の評判が広まるのは早かった。ロドイド、金属、プラスティック、紙、それ以前には使用されたことのない合成毛皮（彼が創始者）、反射屈折鏡、ボタン、ペットボトルなど一般には用いられることのない素材、あるいは廃材をあえて使用したり、普通の生地、革、毛皮など、より古典的な素材であっても、裏返しにしたり、ズタズタに引き裂いたり、切り抜いたり、リベットで締めたりと、型にとらわれない手法で用いたためである。光の遊び、未知なる組み合わせはこういうものから生まれ、これによってオートクチュールは新たな地平を開くことになった。

イヤリング、靴、眼鏡、革製品など、パコ・ラバンヌの署名入りアクセサリーは少なくない。プレタポルテのシリーズも、七六年に紳士服、九〇年に婦人服を出している。六九年に、スペインのプッチ・グループ（八七年にはクチュール・メゾンのブランドを買い取ることになる）との協力のもと、最初の香水「カランドル」を出したのを皮切りに、「パコ・ラバンヌ・プール・オム」（七三年）、「メタル」（七九年）、「ラ・ニュイ」（八五年）、「スポール」（八六年）、「テネレ」（八九年）、「XSプール・オム」（九三年）、「XSプール・エル」（九四年）、「パコ」、「パコ・エナジー」（ともに九六年）と、続々と香水を発売。しかし、パコ・ラバンヌは、九九年七月、クチュールのコレクション発表を打ち切った。

イブニング・ドレス、ヴァレンティノ、原画

ヴァレンティノ

ヴァレンティノ・カラヴァーニ（一九三二年〜）は、イタリアでデッサンの講座を受講したあと、パリ・クチュール組合付属の学校に学ぶ。在学中、国際羊毛事務局主催のデザイン・コンテストに応募して優勝、これをきっかけにジャン・デセのメゾン、続いてギ・ラロッシュに職を得た。ローマに戻った彼は、一九五九年、両親の経済的援助を受けながら、自身のクチュール・メゾンを設立した。六二年、フィレンツェのピッティ宮殿で、最初のコレクションを発表すると、世界にその名がとどろいた。

ジャッキー・ケネディに献呈された六八年の「白のコレクション」は、すべて濃淡のまったくない白のトーンで統一され、このイタリア人クチュリエの才能の大きさを示すことになった。七五年以降は、コレクション発表の舞台をパリに移す。ヴァレンティノのモードは、高度に洗練されていて女性的であり、ファラー・ディバ王妃、リズ・テイラー、ソフィア・ローレン、クラウディア・カルディナーレ、オルネラ・ムーティ、ジェーン・フォンダ、マレッラ・アニエッリ、シャロン・ストーンなどから絶大な支持を得た。「有名映画の中で映し出される女神たちの映像が若いころの私の糧でした。ラナ・ターナー、リタ・ヘイワース、アヴァ・ガードナー、マレーネ・ディートリッヒといえば、女性の象徴ともいうべき人びとですが、彼女たちに対して果てのない憧れの感情が私の中に芽生えました。(中略) 世にも美しい王女様たちが大衆のもとに降りてきてくれたのであり、こうして群集は、非現実の雲の上を歩く、至高の、近づきがたい女性たちを眺めることができたのだ。華麗なドレスをまとったこうした女性たちの映像は、いつまでも私の脳裏を去らなかった。夢を追いながら、私は彼女たちのためにドレスを作り続けているのです」と、彼は語っている。

ヴァレンティノは、六九年「ミスV」という名の婦人服プレタポルテのシリーズを、また紳士服を七一年に発売した。香水に関しては、「ヴァレンティノ」を八六年に、「ヴェンデッタ」を九三年に出した。九八年、アニエッリ家のHdP社に経営権を売却するが、自分自身はオートクチュール部門のトップの座にとどまり続けている。

ルイ・フェロー

ルイ・フェロー（一九二〇〜九九年）は一九五〇年、妻のジジと共同でカンヌにアトリエを開き、映画のための衣装を制作した。白いコットンを用いて制作したピケのドレスが、ブリジット・バルドーの目に留まり購入されたことから、コート・ダジュール中にそれを買い求める人があふれた。これが最初の成功であって、まもなくパリに拠点を移し（はじめはジャック・エステレルと協力して）、五八年には最初のコレクションを発表、六二年、パリ・クチュール組合に加入する。アルルの伝統衣装から影響を受け、卓越した色彩感覚と模様のセンスに恵まれていたルイ・フェローは、のちにクリスチャン・ラクロワがやるような、女性的で陽気なモードを提案した。彼のドレスは、「光り輝き、流れるようで、脚のまわりをくるりと回り、そのケープは笑い声がはじけるように軽快、スーツは夜の誘惑にはぴったり……」（香水「ラブ・ストーリー」発売時の、プレス用資料から）というようなものだった。創作活動のスタッフには、ペル・スプーク、ジャン＝ルイ・シェレルがいた。イングリッド・バーグマン、リズ・テイラー、キム・ノヴァク、グレース・ケリーらがルイ・フェローの顧客となり、彼のプレタポルテのライセンス事業は全世界に展開していった。エイボン・グループと共同で作った香水に、「ジュスティーヌ」、「コリーダ」、「ファンタスク」「フェール」、「ラブ・ストーリー」などがある。

パリ・クチュール組合付属学校で学び、八七年から彼のもとで働いていた娘のドミニク（またの名をキキ）が、九六年、父の後継者となるが、九九年にはメゾンをセコン・グループに売却し、彼女自身も引退する。なお、二〇〇〇年からは、オートクチュールの芸術指揮はイヴァン・ミスペラエールに委ねられている。

ジャン＝ルイ・シェレル

ジャン＝ルイ・シェレル（一九三五年〜）は、パリ・クチュール組合付属の学校で学んだあと、一九五五年、二十一歳でクリスチャン・ディオールのアシスタントとなり、五九年にはルイ・フェローに移る。六二年、最初のコレクションを発表すると、いきなりアメリカの百貨店と、自身のプレタポルテのシリーズ「ジャン＝ルイ・シェレル・ブティック」の独占契約を結んだ。

ジャン＝ルイ・シェレルのモードはきわめて女性的で、細部にいたるまで神経の行き届いた、洗練されたクラシシズムである。アーガー・ハーン妃、ジャッキー・ケネディ、ジスカール・デスタン夫人、ミッシェル・モルガン、ヨルダン王妃などが顧客となった。七一年、プレタポルテ・シリーズの「シェレル・ブティック」を発売、香水に関しても、七九年に「ジャン＝ルイ・シェレル」、八六年に「シェレル２」、九四年に「ニュイ・アンディエンヌ」を世に送り出している。

ジャン＝ルイ・シェレルとメゾンとの関係は波乱に富んだものであった。というのも、当初彼の身分は一社員にすぎず、七一年にはメゾンのオーナーからブランドを取り戻すための訴訟を起こさなければならなくなった。その後彼はブランドをいったん売却するが、七六年にはもう一度買い戻し、九〇年になると今度はエルメスと提携関係にあった日本の西武に再度売却する。九二年にはエリック・モルテンセンがメゾン・シェレルのデザイナーになるが、九四年にはベルナール・ペリスが就任、そして現在はステファン・ロランが担当している。

トラント

テッド・ラピドスを兄にもち、そのアシスタントをつとめていたロゼット・メット（一九三六年〜）は、有力な既製服製造業を営む男性と結婚、一九六一年、二十五歳の時、トラントと名付けた自身のメゾンを設立し、一〇年後の七一年には、パリ・クチュール組合に加入した。「彼女のスタイルは、シンプルな構造を持つ衣装の時に断然光る。とくにスーツとコートの組み合わせの時には、その才能が最も鮮やかに発揮される。この領域が彼女の独壇場で――ちなみに彼女はバレンシアガのアトリエの職人たちを丸ごと引きぬいた――そんな彼女に魅せられたのは、マリナ・ヴラディ、マレーネ・ディートリッヒ、ナタリー・ウッド、ポレット・ゴダールのような注文の多い客たちであった」（D・グランバック『モードの歴史』、一九九三年、スイユ）。六九年にはプレタポルテのシリーズ「ミス・トラント」を発表し、夫君が制作を担当した。この成功を機に、今度はライセンス契約のもと、男性用プレタポルテ、寝具、眼鏡、靴、革製品、時計、宝石に手を伸ばす。彼女はまた、乗用車のオートクチュール・バージョンも手がけ、「ヴェルティゴ」「シトロエン・XM・トラント・マルチメディア」といった自動車を数十

スーツ、エマニュエル・ウンガロ、1988年、原画

台売った。

エマニュエル・ウンガロ

仕立屋の父の元で仕事のコツを覚えたエマニュエル・ウンガロ（一九三三年〜）は、はじめパリの仕立て職人クリスティアニティに職を得る。一九五七年、アシスタントとしてバレンシアガに採用され、続いて六三年から六五年までクレージュで働いたあと、自身のメゾンを設立し、最初のコレクションを発表、直ちに成功を収めた。バレンシアガのもとでクラシックな伝統に沿った修業を行なったウンガロだが、伝統にとらわれない、しばしば大胆なまでの独自のスタイルを完成させた。大胆さは、とりわけ色彩の配合において顕著で、これに関して彼は、自分にとって色彩とは、「この驚くべき激しさと率直さを有する一種の言語形

式なのだ」と述べている。古典的でありながら挑発的、厳密性を有しつねに人を魅了したいという欲望に直結したこのスタイルが、アン・ゲッティ、エスティ・ローダー、ビアンカ・ジャガーらアメリカ人女性や、女優のアヌーク・エーメといった人たちの好むところとなり、彼女たちを常連客とさせたのである。メゾン・ウンガロは、九六年にイタリアのフェラガモ・グループに買収され、数々のプレタポルテのシリーズや「ウンガロ」「ディーヴァ」などの香水を世に提供している。

V 現代

一九八〇年代、九〇年代は、オートクチュールにとって刷新の時代である。レコアネ＝エマン、ハナエ・モリ、クリスチャン・ラクロワらのメゾンが新しく誕生したり、カール・ラガーフェルドがシャネルに起用されたりした。九九年にティエリー・ミュグレーとジャン＝ポール・ゴルチエが、二〇〇〇年にはジャン＝シャルル・ド・カステルバジャックがパリ・クチュール組合に加入する。また「海外招待メンバー」、「ゲストメンバー」、「オフ」スケジュールで参加するデザイナーたちが新風を吹き込んだ。

アンサンブル、ジャン=ポール・ゴルチエ、1987年、原画

ジャン=ポール・ゴルチエ

ジャン=ポール・ゴルチエ（一九五二年〜）は十八歳の時、みずからが描いたクロッキー画をピエール・カルダンに郵送し、存在を知られることになった。これが縁でこの有名クチュリエにパートタイマーとして雇われたが、その後はジャック・エステレルや、ジャン・パトゥに移り、一九七六年、乏しい資金を注ぎ込んで最初のコレクションを発表する。

ジャン=ポール・ゴルチエのコレクションは、八三年の「ダダイスト」、八七年の「ロックスター」、九四年の「ピアスとタトゥー」、九八年の「新実存主義者」など、現代的なテーマからインスピレーションを得ている。厳密なカッティングによる彼の作品だが、時に意図して挑発的なものであることが多い。たとえば八四年の「オム・オブジェ

〔対象としての男性〕」と題した自身初の紳士服コレクションであるとか、男性用スカート（八五年のコレクション、「神は人を作りたもうた」）や、マドンナの「ブロンド・アンビション・ツアー」のステージ衣装、それに下着（ペチコート、コルセット）をオートクチュールの衣装として使うなどである。九七年にパリ・クチュール組合の「ゲストメンバー」に、そして九九年には正式メンバーとなった。

クチュールとプレタポルテのシリーズの他、革製品、眼鏡、宝石、傘、マフラー、ネクタイ、靴、家具、それに女性用の香水「ジャン＝ポール・ゴルチエ」や、男性用の「ル・マル」などのシリーズも手がけている。ジャン＝ポール・ゴルチエは、九九年、エルメス社と提携した。

クリスチャン・ラクロワ

クリスチャン・ラクロワ（一九五一年〜）は、一九七八年から八一年までの数年間をエルメスで過ごし、八一年から八七年までパトゥに在籍した。彼は八七年、LVMH（モエ・ヘネシー・ルイ・ヴィトン）グループの会長ベルナール・アルノーの援助で、自身のメゾンを設立する。クリスチャン・ディオールがマルセル・ブサックに援助を仰いだケースが思い起こされる。巨大グループのバックアップを得たラクロワは、明るくて彩り豊か、また生意気な感じが一目で彼のものとわかるようなコレクションを発表し、オートクチュールに新しい風を吹き込んだ。プロヴァンス出身のラクロワは、六〇年代に目にした「異国的で神秘的、そして愛らしい」アルルの衣装から着想を得たと語っている。「その深紅のスーツ、尖ったヒール、女豹を思わせる縁なし帽やその襟元、ブロンズ色の化粧、巨大なイヤリング、そしてその短く尖った髪型。これらを通して私はファッションとは何か、人目を奪うエレガンスとは何か、ということを間違いなく学んだのだと思う」(C・ラクロワ『ペール・メール』、一九九二年、テームズ・アンド・ハドソン)。

九三年にはクリスチャン・ラクロワは完全にLVMHの傘下に入り、一流ブランドとしての活動の主なものはすべて行なわれることとなった。香水「セ・ラ・ヴィ」やプレタポルテやアクセサリーのコレクションはこうして生まれた。ブランドの販売店網も充実し、またクリストフルとの提携のもと、テーブルウェアなども発売されることになった。

カール・ラガーフェルド

カール・ラガーフェルド(一九三八年〜)は、スカンジナビア出身の父と、オートクチュールを着こなすドイツ人の母とのあいだに生まれた。十六歳の時、国際羊毛事務局のコンテストの女性用コート部門において、イヴ・サン=ローランと最優秀賞を分け合った。

この成功は決定的なもので、ピエール・バルマンからラガーフェルド・コートの制作を命じられ、アシスタントとしてスティリストのチームに招かれた。三年半後、卓越した才能が明らかになったカール・ラガーフェルドは、パトゥのメゾンに移り、主任スティリストに就任するが、ここには一年しかとどまらず、数多くのクチュール・メゾンやプレタポルテの会社からの仕事をこなすフリーのスティリストとしての道を選ぶ。中でもクロエにおいて(一九六四〜八四年)、クラシックでありながらモダンなエレガンスのモードを作り上げたことはよく知られている。一九八三年、シャネル社の芸術監督に就任、オートクチュールとプレタポルテを担当し、ココ・シャネルのスタイルの刷新をやってのけた。彼は偉大なる「マドモワゼル」の精神に忠実でありながらも、(九一年のスパンコールが重ねて刺繍された蛍光色のスーツや、九二年のコレクションで発表された黒革のスーツなどが示すように)作品に皮肉や風刺を込めることも少なくなかった。「創意に富み偶像破壊的なラガーフェルドは、自身がフランス人ではなく、シャネル神話に何の敬意も持っていなかっただけに、いっそうやすやすと自己の役割を演じることができた。彼によれば、『晩年のココは、過度に洗練され、上品すぎた。彼女のエレガンスの教え、それは退屈そのものだった。若いころの彼女、しょっちゅう男あさりをしていたころの彼女のほうがはるかに面白い』。新機軸を注入することを自分のコレクションに課した彼は、『ある意味において、シャネルはシャネルであり続けなければならない』ことを認めつつ、操作を加える余地は山ほどある、と主張していた。(中略)彼がシャネルの署名を入れる時、その結果は、コピーでも、パロディーでもなく、エスプリに富んだ一種のオマージュとなる知的な巧みさがいつもあった」(V・スティール『二十世紀に服を着る』、一九九八年、アダム・ビロ)。

カール・ラガーフェルドは、エリザベス・アーデン、ユニリーバと提携し、七四年に「クロエ」を発売、その後は「ラガーフェルド」「KL・ファム」「KL・オム」「フォト」などの香水を出している。八四年には「KL」ブランドで、九五年には「ラガーフェルド」ブランドで自身のプレタポルテのコレクションを商品化している。また、彼は多くの著作や芸術写真集の著者でもある。

ルコアネ・エマン

ディディエ・ルコアネ(一九五五年〜)は、ロデレール芸術アカデミーとカモンド美術学校で学び、つづいて一九七八年、パリ・クチュール組合の学校に入学する。一方、インド人の父とドイツ人の母を持つエマン・サガールは(一九五七年〜)は、パタン・モード・デザイン専門学校で学んだあと、プレタポルテ産業に足を踏み入れ、ここで同じ年にルコアネと出会う。それぞれスティリストとして別々のプレタポルテの会社に勤め、その後二人は共同でアトリエを作り、そののち八一年、クチュール・メゾンを設立、八四年にはクチュール組合への加入が認められた。シンプルでエレガント、しばしばエキゾチックな彼らのクチュールとプレタポルテは、さまざまなジャンルや文化が奇跡的にうまく混ざり合うところから生まれている。ディディエ・ルコアネによると、彼らは、「最も素朴な素材を、オートクチュールによって磨き上げられたテクニックを使って、最高レベルにまで高めること、二つの異なる世界、文化を引き合わせること」をめざしているという。彼らの仕事は、九四年一月、「デ・ドール賞」受賞によって評価を得た。

イブニング・ドレス、ハナエ・モリ、1978年、原画

ハナエ・モリ

森英恵（一九二六年〜）は、東京女子大学で文学を学んだあと、一九五一年、舞台や映画の衣装を専門とするスタジオを開き、映画作品の衣装なども制作した。彼女は、一九六〇年のパリ訪問の時、オートクチュール・ファッションショーに出席、オーダーしたシャネルの服の試着の際にガブリエル・シャネルと面会したことがきっかけで、みずからの天職を発見する。「私はいつも黒い服ばかりを着ていました。ココ・シャネルは私にアプリコットのスーツを試してみたら、といってくれました。日本人女性にとって豊かさとは、内面的なものと理解していたので、とても驚きました。でも、一歩を踏み出し、自分自身を外に出していくことを学びました」。森のスタジオは、徐々に正真正銘のクチュール・メゾンへの変身を遂げ、プレタポルテのシリーズも手が

けるようになる。六八年には拠点をアメリカに移した。七六年になって初めてパリにメゾンをオープン、七七年には日本人として初めて、外国人女性としても初めてパリ・クチュール組合のメンバーとなった。彼女のスタイルは、「日本の伝統的な繊細さと西洋近代の力強さの結合」をめざし、実際、作品にはそれが見事に表現されている。彼女の顧客となったのは、日本の皇室、タイのシリキット王妃、ヒラリー・クリントン、シャロン・ストーン、アンヌ・サンクレールなどである。九〇年代になると、アクセサリー（九一年）や、紳士服プレタポルテの「ハナエ・モリ・フォー・メン」（九五年）、香水「ハナエ・モリ」（九五年）、「ハナエ・モリ・オートクチュール」（九八年）を発表し、活動の範囲を広げた。

ティエリー・ミュグレー

ティエリー・ミュグレー（一九四八年〜）は、一時ライン・オペラ座バレエ団にダンサーとして在籍し、そのあと国立パリ装飾芸術高等学校へ入学する。二十歳の時から、ブティック「ギュデュール」でスティリストとして活躍する。一九七三年、最初のコレクション「カフェ・ド・パリ」を発表、七四年には自身のプレタポルテの会社も設立する。

彼のコレクションは、ある時はシンプルで非常に古典的、またある時は誇張されて挑発的なスタイルだが、いずれも構造のしっかりとしたものである。シルエットは肩が強調され、すらりとしており、カッティングとラインは非常に厳密である。「惑星ミュグレーの生物は、古臭い幻想と都会のジャングルの不安に挑むために甲殻類しか生み出さない。人はこの惑星の住人であるか住人でないかどちらかである。角ばった肩、タイトに絞ったウエスト、丸みを帯びたヒップ、高い頭、これらはスカイブルーから地獄の黒に至るトーンの統一性の中にあり、着る人は、気品を漂わせながらも足取りは決然と、誰をも必ずや魅惑してみせる、という雰囲気がある」（F・ボド『ティエリー・ミュグレー』、一九七一年、アスリーヌ）。ティエリー・ミュグレー自身こう説明する。「私が服を制作するのは、勝利者、成功者、闘争心のある女性、と私が呼んでいる女性たちのためだ。自分の欲しいものが何かわかっている女性、女をハンディキャップとしてではなく、手段として使うことを心得ている女性たちだ」。

ディディエ・グランバックを会長に据えた、ティエリー・ミュグレーの会社は、紳士服・婦人服プレタポルテも、アクセサリー（革製品、宝石、靴）も、模範的な急成長を遂げ、多くのブティックをオープンし、ライセンス譲渡で輸出市場に乗り出した。香水に関しては、女性用の「エンジェル」、男性用の「A☆MEN」が、クラランスとの協力のもと発売された。ティエリー・ミュグレーが初めてオートクチュール・コレクションを発表したのは、九二年七月のことである。九七年、彼はパリ・クチュール組合の「ゲストメンバー」となり、九九年には正式メンバーとして迎えられ、名実ともに「オートクチュール」のブランドとして認められた。

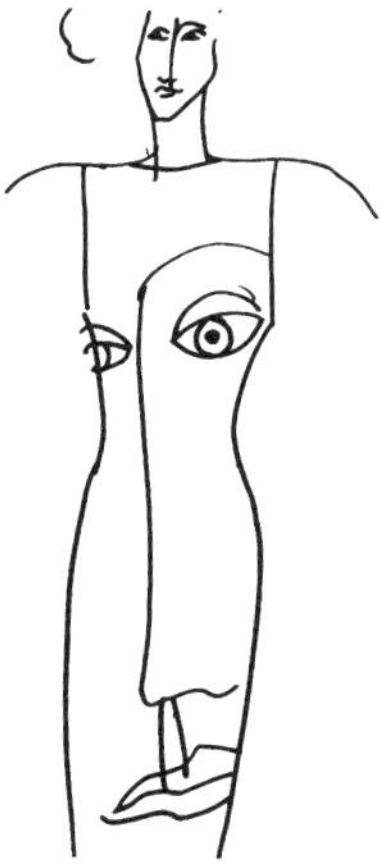

《ローブ・ポルトレ[横顔ドレス]》

ジャン=シャルル・ドゥ・カステルバジャック、原画

ジャン=シャルル・ド・カステルバジャック

ジャン=シャルル・ド・カステルバジャック（一九四九年〜）は、国立高等美術学校《エコール・デ・ボザール》の講義に自由聴講生として出席していた一九六八年、自身初の女性用プレタポルテ・シリーズを「コー・アンド・コー Ko&Co」ブランドで制作し、製造を家族の経営する繊維会社に任せた。ギ・ラロッシュやケンゾーなどとの共同作業を経たあと、七〇年に初めてのショーを催し、大成功を収めた。

彼はこの最初のショーの時から、パステルカラーに染めた羊毛やシルクなどの天然繊維の他に、包帯用ガーゼや雑巾のような、意表を突く素材を使用していた。彼のモードは、「詩情を伝えたり、記憶をたどったり、その時代の証言をしたりするための手段なのだ」と、みずから説明している。八二年、ルル・ピカソ、ロベール・コンバス、ジャン＝シャルル・ブレによって描かれた、「ローブ・タブロー〔絵画ドレス〕」を制作、八三年には一連のオマージュ作品（映画、メディア、音楽、二十世紀など）の制作に着手、キャンベルの缶詰やシェルの貝殻、ラッキー・ストライクの箱などから取った柄の「ポップ・アート」なドレスとともに発表した。彼の象徴的ラインは七三年来のものである。長く角ばったシルエット、平面的で十字にデザインされたような服は、中世から着想を得ている（彼は、宗教芸術委員会からの要請で、典礼用の衣装もデザインしている）。

多方面の才能に恵まれたクレアトゥール、ジャン＝シャルル・ド・カステルバジャックは、プレタポルテやアクセサリーの他、絨毯、磁器、室内装飾用の織物、家具、ホーム・テキスタイル、照明器具などにも署名を入れさせたり、ステンドグラスや七宝の制作、スウォッチのデザインなども手がけた。香水に関しては、八〇年の「プルミエール」、八八年の「JCC №2」などがある。九九年にクチュリエとクレアトゥールのプレタポルテ組合の会長に就任、二〇〇〇年にはパリ・クチュール組合への加入が認められた。

ペル・スプーク

ノルウェー出身のペル・スプーク（一九三九年〜）は、はじめパリの国立高等美術学校《エコール・デ・ボザール》、次いでパリ・クチュール組合付属学校で学んだ。ディオールでのインターンシップを経てイヴ・サン＝ローランに入り（一九六〇〜六二年）、その後ルイ・フェローに移った（一九六二〜七七年）。一九七七年に最初のコレクションを発表したあと、七九年には「デ・ドール賞」を受賞するなど、素早い成功を手にする。「彼がやっていること、それは極限まで純化するという洗練作業であり、それは究極の真理の探求に似ている。ただそれは単にシンプルであればよいというものではない。彼の作品の魅力は、その日常性にあるよう見えるが、実はそこでは完璧な寸法で至高の素材が使われていて、じっくりと考え抜かれたものとなっている。ペルはシンプルさの表現に優れている」（ガブルエル・ラズュール、雑誌『パッション』、一九八四年十一月）。ペル・スプークは、プレタポルテ、革製品、食器の開発にも乗り出し、サノフィ・グループとの協力のもと、香水とオー・ド・トワレも販売している。ペル・スプークは、まずレバノンのジョセフ・エル・カウリーと、次いでアメリカのハイ・ファイナンス社と提携関係を築くが、不運にも九四年、収益性の問題でトラブルが生じ、ハイ・ファイナンス社でのクチュール事業が打ち切られた。

ジャンニ・ヴェルサーチ

クチュリエールを母にもつジャンニ・ヴェルサーチ（一九四六〜九七年）は、はじめに建築学を学び、一九七四年以降、いくつものプレタポルテ会社のためにコレクションのデザインを手がけた。七八年、自身のコレクションをミラノで発表する。九〇年、パリ・クチュール組合の「海外招待メンバー」となり、パリで最初のコレクションを発表した。

ジャンニ・ヴェルサーチのスタイルはあからさまに挑発的かつ官能的であって、「モダンで、固定観念にとらわれない自由な」女性のためのものである。紳士服コレクションも同様に、「深層にエロティックなメッセージが込められている」（スピンドラー『ニューヨーク・タイムズ』紙、一九九六年七月二日）。彼は、人びとからひんしゅくを買うのを覚悟で、派手な色彩の入り混じったモード（九〇年の春夏コレクション）や、豹柄のモチーフをプリントした布地のアンサンブル（九二年の春夏コレクション）、プラスティックや塩化ビニールを素材とするドレス、コスチューム（九五〜九六年の秋冬コレクション）を発表したりした。彼は、「中途半端なものに興味はない。きっぱりとした選択をすることが必要だと私は考える」と語る。ブルース・スプリングスティーンやエルトン・ジョン、プリンス、ダイアナ妃やイヴァナ・トランプなど、顧客の顔ぶれを見ればわかるように、彼の作品は大成功を収めた。ジャンニ・ヴェルサーチはこの名声を生かし、ヴェルサーチ・スポーツなどのシリーズ、アクセサリー、香水、化粧品、テーブルウェア、ホーム・テキスタイル、室内装飾品などの開発に乗り出した。ジャンニ・ヴェルサーチは、九七年七月十五日、詳しい状況は不明であるがマイアミで暗殺された。なお、その後は妹のドナテッラがメゾンの芸術指揮を引き継いでいる。

ヴァレンティン・ユダシュキン

モスクワのクチュリエ、ヴァレンティン・ユダシュキン（一九六三年〜）は、生地や装飾において、大変贅沢な作品を創作しているが、顧客は実業界やアートの世界の富豪を夫にもつ女性たちである。「ファベルゲ」（九一年）、「音楽」（九二年）、「死せる自然」（九三年）、「エカテリーナ大帝」（九四年）、「バレエ」（九五年）、「天国の鳥たち」（九六年）など彼のさまざまなコレクションは、タイトルからもわかるように、ロシアの伝統から着想を得ている。活動拠点をモスクワとパリに置くヴァレンティン・ユダシュキンは、九六年からパリ・クチュール組合の「海外招待メンバー」に名を連ねている。「私はロシア人、しかしモードの首都はパリである。（中略）思うに、オートクチュールのコレクションを作りながら、パリでそれを発表しないのは、描いた絵を蔵にしまいこんでおくようなものだ」と、彼はいう。

ゲストメンバー

一九九九年と二〇〇〇年は、数々の若いメゾンが、パリ・クチュール組合の「ゲストメンバー」として参加した年であった。以前ディオールにおいてマルク・ボアンのアシスタントを務め、軽い素材を使用した長いシルエットを提案したアデリーヌ・アンドレ、イヴ・サン＝ローランやジヴァンシーのアシスタントの経験を持ち、「完璧なテクニックと洗練されたシンプルさが融合する」きわめてエレガントな作品を作るドミニク・シロー、バルバラ・ブイの元アシスタントで、前途有望なパスカル・ユンベール、イヴ・サン＝ローランで以前アシスタントを務め、厳密でモダンな作品を作るクリストフ・ルクセル、女性的で上品な作風のフランク・ソルビエ、オランダのデザインデュオ、ヴィクター＆ロルフ、ブラジルのオシマール・ヴェルソラト、そして「モード」カテゴリーのフィリップ・トレーシー、といった人たちである。

オフ

「イン」のショー、すなわち組合の公式カレンダーに組み込まれたショーと並行して行なわれる、若いクレアトゥール〔クリエーター〕たちによる「オフ」カレンダーのショーが、ここ数年増え続けている。これは、ショーの期間中にメディアの目が集まることを利用して、自分のコレクションを発表するというものだが、そのクオリティーには大きなばらつきがある。一部老舗のクチュール・メゾンからこき下ろされる「オフ」のショーであるが、その存在自体がフランスのクチュールが活況を呈していることのサインである、と考える人たちもいる。

結語

オートクチュールにもはや命脈はないとする悲観論は正しいとはいえない。一見凋落のしるしと見えるものも、じつは大きな進化への前兆に他ならないのだ。

確かに、第二帝政期から一九六〇年代まで続いた、古典的な意味におけるオートクチュールは、世紀を飛び越えて生き延びることはできなかった。一九七〇年代から始まっていた大衆化の一般的運動や、プレタポルテの発展などに伴って、オートクチュールは、わがものとしてきたモードの趨勢《すうせい》への独占的支配権を失ったのである。今後オートクチュールは、みずからが保持していた途方もない権力を、新しく舞台に登場する人びとと分かち合うすべを学ばなければならないだろう。なぜかというと、ウォルト、ポワレ、ココ・シャネル、ジャンヌ・ランヴァンが持っていたような、モードを流行らせたり廃《すた》れさせたりする権限を、これからのクチュリエが手にすることは、たぶんもうないからである。

今後はオートクチュールも、新しい環境に適応するすべを学ばなければならない。そこでは、顧客の変化、財政的制約、マーケットの国際化といった要因に活動を狂わされる可能性もあるだろう。だが新しいチャンスが生まれる可能性もないわけではない。また、オートクチュールの活動にしがみついていては生き残ることはできず、収益性の高いプレタポルテや香水、化粧品などに携わることも必要だ。高品位の工業製品が職人の手になる工芸品に取って代わる傾向がある現代社会においては、そのような工業製品にも手を染めなければならない場合もあるだろう。

ただ、このように厳しい社会・経済的分析以前に、オートクチュールとはあくまで芸術であり、この芸術の灯火が消える心配はないということをぜひとも確認しておかなければならない。オートクチュールに憧れの目を向ける女性がこの世に存在する限り、オートクチュールの灯《ひ》が地上から消えるということはないであろう。「女性がオートクチュールを身に着けたいという願望を抱かなくなる、そのようなことは現実的にありえない」(『フィガロ・エコノミー』紙、一九九九年三月八日、LVMHグループの会長ダニエル・ピエット)。また、「毎年、女性の身体を讃美する節を繰り返し歌い上げる詩人」(ロラン・バルト『エルテ、ティルトフの小説』、一九七三年、フランコ・マリア・リッチ)たるクチュリエも、存在し続けるだろう。ブランドの方向性や収益性などより、オートクチュールに引きつけられる新しい人材、またそれら人材から発せられる魅力、そしてインスピレーションの絶えることなき革新、オートクチュールの永続性はこれらによって最も力強く支えられているのである。

付録I——オートクチュール規約

1「クチュール」の分類
2「クチュール・クレアシオン（創作クチュール）」のメゾン
3「クチュール・クレアシオン」監査承認委員会の内部規則

1「クチュール」の分類

衣服・生地加工組織委員会の臨時委員による一九四五年一月二十三日の決議V、I、二九（略）

第1項　クチュール業の定義

商業登録または職業登録をし、かつ下記の条件のうち一つまたはすべてを満たす企業をクチュール活動を行なっているものとみなす。

（1）婦人向け、少女向け、子供向け服のモデルを、

（a）下記の（2）で決められた条件を満たしながら、その企業自身が制作している。

または、

（b）その複製の生産を目的とするフランス内外の企業、または個人に、直接的、あるいは間接的に販売している。

（2）顧客からの婦人向け、少女向け、子供向け仕立服の注文にともなう業務の遂行に当たり、一回以上の仮縫いをマヌカンあるいは顧客自身に行なうこと。

（略）

第3項　以下のような活動を行なう企業は、クチュール活動を行なっている企業とはみなされない。

（a）女性向けの服の大量生産を行なっている。

（b）大量生産された服を、そのまま、もしくは寸法を直して販売している。

（c）女性向け既製服店の利益のために、モデル制作を行なっている。

第4項　クチュール職の分類

クチュール活動を行なう企業は、以下の二つのグループに分類される。

- グループⅠ　「クチュール」
- グループⅡ　「クチュール・クレアシオン」

本決議で定義されているクチュール活動を行なっているが、「クチュール・クレアシオン」のメゾンとして認定されなかった企業は、「クチュール」のグループに分類される。

本決議に沿ったクチュール活動を行なっていて、のちに登場する決議によって明確化される条件のもとで、その創造性が認められるような企業は、「クチュール・クレアシオン」のグループに分類される。

（略）

第6項　名称の義務

（1）「クチュール」のグループに分類された企業は、社名においても、看板、ブランド表示、商業手形、行政、民間証書においても、そしてどんな形の宣伝行為（告知、はり紙や、ラジオ、映画、劇場などでの宣伝）においても、「アルティザン・メートル・クチュリエ」、「クチュール」、または「クチュリエール」の名称を、使用しなければならない。

「クチュール・クレアシオン」のグループに分類された企業のみが、「クチュリエ」、「オートクチュール」、または「クチュール・クレアシオン」の名称を使用する権利を有し、ブランド表示、商業手形、行政、民間証書においては、「クチュール・クレアシオン」の名称を使わなければならない。

しかしながら、「クチュール・クレアシオン」のグループに分類されない企業も、毎年の夏と冬に顧客に向けて、少なくとも二五着以上の新作モデルをマヌカンに着せて発表する企業ならば、臨時委員へ申請をするという条件で、「クチュリエ」と「オートクチュール」の名称を使うことができる。

（略）

2「クチュール・クレアシオン」のメゾン——一九四五年四月六日の条例

（略）

第1項　商業登録または職業登録をしていて、以下の条件を満たす企業を、産業および芸術・創作活動職協会に属する、「クチュール・クレアシオン」のメゾンとみなす。

（1）企業みずからが創作したモデルを、基本的にはパリで、少なくとも年2回発表する。このようにして作られたモデルの複製を、企業みずからが、顧客あるいはそのマヌカンに一回以上仮縫いをし、寸法を合わせた上で、外注や大量生産をせずに、制作しなければならない。また、これらのモデルは、その複製制作を希望するフランス内外の企業に、直接的、あるいは間接的に売ることができる。

（2）発表したモデルの制作過程を明らかにし、他社のモデルの購入を一切行なわない。

（3）パリ・クチュール組合内に作られる監査承認委員会によって、承認されること。また、芸術・

創作活動職協会に属する人や、有能と認められる組織に属する人が委員となることがある。

第2項　上記に定められた条件を満たした企業のリストが作成され、産業生産相によって承認される。少なくとも年一回はリストの更新が行なわれる。

3「クチュール・クレアシオン」監査承認委員会の内部規則

（略）

第2項「クチュール・クレアシオン」のリストへの加入を希望する企業は、その年の委員会によって決められた時期に、願書を提出しなければならない。

第3項　願書は、受け取り通知つきの書留郵便で、パリ・クチュール組合（パリ8区サントノレ通り一〇二番地）に届けなくてはならない。

願書には、以下のことをメゾンが認証するという誓約書を同封しなければならない。

（1）そのメゾンがAPE法規四七〇四番のもと、フランス国立統計経済研究所に登録されていること。

（2）オリジナルのモデルが、そのメゾンの主任または常任モデリストらによって、外注されることなしに、みずからの二〇人以上の従業員（在宅労働者を除く）を擁すアトリエの中だけで制作されていること。また、従業員とは、アトリエの主任、副主任、一級、二級の針子、見習い、または施設の就業表に定期的に存在する同様の職務に就く男性、女性を指す。

（3）そのメゾンが、パリで毎年、パリ・クチュール組合の指定する日付に、春夏、秋冬コレクションを発表すること。また、各コレクションでは、最低七五着の自作の新作モデルを発表し、使われる（型紙用布、サンガレット以外の）生地の品質が、顧客のために作られる複製の生地のそれと同等であること。

コレクションが三人のマヌカンを使って発表され、その発表が少なくとも年に四五回、メゾン内にその目的で特別に設けられた場所で行なわれること（一コレクションにつき、少なくとも一五回の発表を行なうものと理解される）。なお、この場所はプレタポルテの小売店とは明確に分離していなければならない。

顧客に発表する際、その日時が記されたリストを、遅くともプレス発表の前日までには、パリ・クチュール組合に提出すること。

（4）モデルが、顧客にあった寸法で、そのメゾン自身によって、大量生産されることなく、複製されること。また、その複製が顧客自身、あるいは顧客のマヌカンへの一回以上の仮縫いを行なった上でなされること。

付録II――オートクチュールの組合組織

フランス・クチュールおよびクチュリエとクレアトゥールのプレタポルテ連盟は、一九七三年に創設され、ディディエ・グランバック氏を会長とする。

連盟に含まれるのは、以下の三団体である。

――パリ・クチュール組合〔la Chambre syndicale de la couture parisienne〕は、一八六八年に発足し、ディディエ・グランバックを会長としている。なお、オートクチュール・メゾンの他に、「オートクチュール」の呼称を使うことは許されていないが、パリ地方で仕立服を制作している会社も加入している。

――クチュリエとクレアトゥールのプレタポルテ組合〔la Chambre syndicale du prêt-a-porter des couturiers et des createurs de mode〕は、一九七三年に発足、ジャン・シャルル・ドゥ・カステルバジャック氏が会長を務めている。婦人服プレタポルテの制作を行なうオートクチュール・メゾン、およびクレアトゥールが加入している。

――紳士服モード組合〔la Chambre syndicale de la mode masculine〕は、一九七三年に発足、ジャン・ルイ・デュマ氏を会長としている（名誉会長はピエール・カルダン氏）。紳士服モードを手がけるクチュール・メゾンとクレアトゥール達が加入している。

なお、一つのメゾンが三つの組合に加入することも、場合によっては可能である。

フランス・クチュールおよびクチュリエとクレアトゥールのプレタポルテ連盟は、オートクチュールとプレタポルテのコレクション発表のスケジュール、およびショーに出席するジャーナリストとカメラマンのリストを作成し、それぞれのショーをできるだけ集約するように努力する。また、バイヤーカードを配布したり、海外で合同の催しを企画したりもする。ただ、より一般的にいって、連盟の役割はその加盟者の利益を増幅したり、守ったりするところにある。

付録Ⅲ――一九四六年と二〇〇〇年のクチュール・メゾンリスト

一九四六年の組合メンバー

アニエス・ドレコル（ヴァンドーム広場、二四番地）
アレックス（ジャン・グージョン通り、七番地の二）
アレクサンドル・ジュルジャン（フォブール・サントノレ通り、一〇四番地）
アリス・トマ（ロワイヤル通り、一三番地）
エイミー・リンカー（フォブール・サントノレ通り四〇番地）
アナ・デ・ポンボ（カンタン・ボシャール通り、二八番地）
アンドレ・ルドゥー（マドレーヌ広場、六番地）
アンドレ・ルー（フォブール・サントノレ通り、三四番地）
アンドレ・ヴァリエ（リンカーン通り、五番地）
アネック（マリニャン通り、一四番地）
アニー・ブラット（マレルブ大通り、二七番地）
アルダンス（マチニョン大通り、五番地）
バレンシアガ（ジョルジュ・サンク大通り、一〇番地）

ベルソン・ドゥセ（バルザック通り、四番地）
ブランシュ・イサルテル（ラ・ペ通り、二八番地）
ブリュイエール（ヴァンドーム広場、二二番地）
ビュヴィーヌ（ピエール・シャロン通り、四八番地）
カリクスト（サントノレ通り、二二七番地）
キャロ（モンテーニュ大通り、四一番地）
カーマイン・ライン（ミロムニル通り、四四番地）
カルヴェン（ロン・ポワン・デ・シャンゼリゼ、六番地）
カトリーヌ・パレル（モンテーニュ大通り、二二番地）
シャルル・モンテーニュ（ロワイヤル通り、二三番地）
クリスティ・アヌミセ（フォブール・サントノレ通り、七五番地）
クルト（クロワ・デ・プチ・シャン、八三番地）
クリード（ロワイヤル通り、七番地）
ドミニク（エミール・オジエ大通り、一番地）
デュプイ・マニャン（アゲソー通り、二二番地）
エリアン（マグドブール通り、一四番地）

フランス・オブレ（ピエール＝シャロン通り、五一番地）
フレディ・スポール（シャンゼリゼ大通り、六五番地）
ガブリエル（マドレーヌ広場、一一番地）
ガストン（サン＝フロランタン通り、九番地）
ジョルジュ（キャピュシーヌ大通り、三五番地）
ジョルジェット・ルナル（プレジダン・ルーズヴェルト大通り、六番地）
ジェルメーヌ・ルコント（マチニョン大通り、九番地）
ジェロワ（アルカド通り、三二番地）
グレ（ラ・ペ通り、一番地）
ヘレン・ユベール（フォブール・サントノレ通り、一〇五番地）
エレーヌ・ヴァルネ（サントノレ通り、四〇二番地）
エンリエット・ボジュー（ボエシー通り、六九番地）
アンリ・ア・ラ・パンセ（サントノレ通り、三番地）
エルメス（フォブール・サントノレ通り、二四番地）
イルモヌ（フォブール・サントノレ通り、一三〇番地）
ジャック・コステ（ラ・ペ通り、四番地）

ジャック・ファット（ピエール・プルミエ・ドゥ・セルビー大通り、三九番地）
ジャック・グリフ（ソセ通り、六番地）
ジャック・エイム（マチニョン大通り、一五番地）
ジェーン・デュヴェルヌ（デュフォ通り、一〇番地）
ジェーン・レニ（ピエール・プルミエ・ドゥ・セルビー大通り、二二番地）
ジェーン・シルヴァン（カスティリオーヌ通り、一番地）
ジャニン・ドゥニーズ（トレモワイユ通り、九番地）
ジャン・デセ（ジョルジュ・サンク大通り、三七番地）
ジャン・ファレル（ジョルジュ・サンク大通り、三七番地）
ジャン・パトゥ（サン・フロランタン通り、七番地）
ジャン・ティヴェ（ベリ通り、八番地）
ジャンヌ・ファジエ（ジャン・メルモーズ通り、一七番地）
ジャンヌ・エ・ジョゼ（ロワイヤル通り、一一番地）
ジャンヌ・ラフォリー（フォブール・サントノレ通り、五二番地）
ジャンヌ・ランヴァン（フォブール・サントノレ通り、二二番地）
ローラ・プリュザック（フォブール・サントノレ通り、九三番地）

ルイ・ロラン（キャピュシーヌ通り、八番地）
リュシアア・ブーテ（ロワイヤル通り、一三番地）
リュシアン・ルロン（マチニョン大通り、一六番地）
リュシール・マンガン（アノーヴル通り、八番地）
マッド・カルパンチエ（ジャン・メルモーズ通り、三八番地）
マドレーヌ・ドゥ・ローク（ジャン・グージョン通り、三七番地）
マドレーヌ・セーリュ（グランダルメ大通り、一二番地）
マドレーヌ・ヴラマン（クール・アルベール・プルミエ、四〇番地）
マギー・ルフ（シャンゼリゼ大通り、一三六番地）
マルセル・ドルム（プレジダン・ルーズヴェルト大通り、六三番地）
マルセル・ロシャス（マチニョン大通り、一二番地）
マルセル・アリックス（マチニョン大通り、二七番地）
マルセル・ショーモン（ジョルジュ・サンク大通り、一九番地）
マルセル・ドルモワ（トレモワイユ通り、二二番地）
マルジュリー（アルジュ通り、三番地）
マリアンヌ・モナントゥイユ（フォブール・サントノレ通り、二八番地）

マリー・ムーラン（フォブール・サントノレ通り、五四番地）
マルト・ファルジェット（オスマン大通り、一二一番地）
マルト・ルフェーヴル（プレジダン・ルーズヴェルト大通り、三〇番地）
マルシャル&アルマン（ヴァンドーム広場、一〇番地）
メンデル（サントノレ通り、四二二番地）
ミッシェル・ランベール（ノートル・ダム・デ・ヴィクトワール通り一九番地）
モリヌー（ロワイヤル通り、五番地）
ミュグ・ドゥヴァル（フォブール・サントノレ通り、六一番地）
ニコル・グルー（フォブール・サントノレ通り、二五番地）
ニナ・リッチ（キャピュシーヌ通り、二〇番地）
ニノ&℃（サントノレ通り、三七〇番地）
オロッセン（フォブール・サントノレ通り、二九番地）
パキャン（ラ・ペ通り、三番地）
ピエール・ブノワ（カスティリオーネ通り、一〇番地）
ピエール・バルマン（フランソワ・プルミエ通り、四四番地）
ラファエル（ジョルジュ・サンク大通り、三番地）

ラマ（フォブール・サントノレ通り、一六四番地）
ラモン・ドゥ・ラ・ヴェルニュ（キャピュシーヌ大通り、六番地）
ルネ・ボリー（リシュパンス通り、一一番地）
ルネ・パトン（キャピュシーヌ通り、四番地）
ルヴィヨン（ボエシー通り、四二番地）
ロベール・ピゲ（ロン・ポワン・デ・シャンゼリゼ、三番地）
ロズヴィエンヌ（カンボン通り、四番地）
ロジーヌ・パリ（ヴォルネー通り、一番地）
スキャパレリ（ヴァンドーム広場、二一番地）
ヴァロンティーヌ・ブルギャド（カンボン通り、五番地）
ヴァニナ・ドゥ・ワール（ジャン・グージョン通り、一八番地）
ヴェラ・ボレア（サントノレ通り、三七六番地）
ウォルト（フォブール・サントノレ通り、一二〇番地）

二〇〇〇年の組合メンバー

ピエール・バルマン（フランソワ・プルミエ通り、四四番地）

シャネル（カンボン通り、二九番地）
クリスチャン・ディオール（モンテーニュ大通り、三〇番地）
クリスチャン・ラクロワ（フォブール・サントノレ通り、七三番地）
エマニュエル・ウンガロ（モンテーニュ大通り、二番地）
ジャン＝ポール・ゴルチエ（ギャルリー・ヴィヴィエンヌ、七〇番地）
ジヴァンシー（ジョルジュ・サンク大通り、三番地）
ハナエ・モリ（モンテーニュ大通り、一七一一九番地）
ティエリー・ミュグレー（ウルス通り、四一六番地）
ジャン・ルイ・シェレル（モンテーニュ大通り、五一番地）
ルコアネ＝エマン（フォブール・サントノレ通り、八四番地）
ルイ・フェロー（フォブール・サントノレ通り、八八番地）
ニナ・リッチ（モンテーニュ大通り、三九番地）
パコ・ラバンヌ（シェルシュ・ミディ通り、七番地）
ラピドス（フランソワ・プルミエ通り、三一番地）
トラント（フォブール・サントノレ通り、九番地）
イヴ・サン＝ローラン（マルソー大通り、五番地）

ゲストメンバー

アデリーヌ・アンドレ（ヴィラルドゥワン通り、五番地）

ドミニク・シロ（サントノレ通り、三五二番地）

ティミスター

クリストフ・ルクセル（フォブール・サントノレ通り、七七番地）

オシマール・ヴェルソラト（ヴァンドーム広場、一二番地）

ヴィクター&ロルフ

フランク・ソルビエ（ロワイヤル通り、一三番地）

海外招待メンバー

ヴァレンティノ（モンテーニュ大通り、一七—一九番地）

ジャンニ・ヴェルサーチ（フランソワ・プルミエ通り、四一番地）

ヴァレンティン・ユダシュキン（モスクワ、ヴァルヴァッカ、六番地、フォンダシオン・キュルチュレル・アルテス）

解説――オートクチュールと日本

鈴木桜子

本著のタイトルになっている「オートクチュール」は、一八六〇年代にはじまり、一九六〇年代以降の「プレタポルテ」と共に現在でも続くモードのシステム、つまり、ビジネスと流行のシステムである。高級注文服（店）と訳されるオートクチュールは、顧客が選ぶモデル作品の注文を受け、何回もの仮縫いを経て作られる、完全に〈個〉を対象とするビジネスである。一九四三年には二万人いたという顧客は、現在、メゾン全体でたった二〇〇人足らずといわれ、世界の富豪たちが顧客リストに名を連ねていると聞く。それに対し、高級既製服（店）と訳されるプレタポルテは、既定のサイズごとに量産された、不特定多数の〈大衆〉を対象とする。現在では、フランス・クチュールおよびクチュリエとクレアトゥールのプレタポルテ連盟に加盟するほとんどのブランドが、プレタポルテを中心に活動している。プレタポルテの優勢は、時代の趨勢から当然といえるが、現在に至っても「オートクチュール」を名乗るには、規定にのっとって毎年産業省内で行なわれる審議会をクリアしなければならない。本書付録にある「オートクチュール規約」からも、フランスの伝統と威信をかけた、いかに厳密なシステムであるかがわかる。また、読者の中には、本書を読み進めていく上で、フランス語の職名に戸惑う方もいらしただろう。日本語では「デザイナー」といっても、フランス語では複数の名称が時代と共に存在し、格付けがされている。この複雑さもまた、クチュールならではの世界だ。その中でオートクチュールのクチュリエたちは、創造的に秀でたデザイナーとして存在している。

日本において、オートクチュールは決してなじみがあるとはいえない。そもそもわれわれは、かつてキモノをまとっていた民族であり、近代化と共に西欧の生活様式を受容し、個人と社会の軋轢の中で、和服を洋服に着替えてきたという経緯がある。現在、洋と和の文化が混在しながら圧倒的に国際的な生活スタイルの中に私たちはいるものの、洋服を着るようになってから未だ一〇〇年にも至っていない。シャネルやディオールの名は知っていても、オートクチュールはよく知らない、というのが現状であろう。しかし、オートクチュールの歴史には、意外にも設立当初から日本との繋がりが見られる。キモノを代表とする日本の文化が、オートクチュール界に新風を巻き起こすことが少なからずあったのだ。ここでは、本書、フランソワ=マリー・グロー著『オートクチュール』邦訳刊行を機に、日本との繋がりについて、断片的ではあるが振り返ってみることにしたい。

オートクチュールの基礎を築いたシャルル=フレデリック・ウォルトは、日本の意匠をドレスに積極的に取り入れていたクチュリエの一人だった。ウォルトが活躍する十九世紀後半は、ジャポニスム（日本趣味）がヨーロッパを席捲し、多くの芸術家たちがジャンルを問わず、その影響を受けていた時代である。一八五一年に第一回ロンドン万国博覧会が開かれたとき、日本はまだ鎖国の状態であったが、一八六七年のパリ万博以降、万博を通して日本の美術工芸品がフランスでも広く知られていくことになった。素材や構造の捉え方、また、植物や動物を文様等のデザインモチーフとして扱う日本の意匠は、ヨーロッパ人の眼には新鮮なものとして映ったのである。とくにアニミズムに基づく日本の自然観は、キリスト教文化を背景にもつヨーロッパに新たな美を呼び覚ますきっかけを与えることになった。ウォルトがデザインしたバッスル・スタイルのドレスの生地にも、花鳥風月を思わせるモチーフをあしらったリヨンの絹織物が使われていた。

二十世紀初頭には、近世以降、長きにわたって女性のウエストを締め上げてきたコルセットが、身体から外されていくというモードの革命期を迎える。オートクチュールの黄金期を築いたポワレやヴィオネは、その先導的存在として服装史に名を残している。両者は同時代に活躍し、当時の芸術・デザイン運動に影響を受けながらも、婦人服デザインに対する取組みは相反するものだった。ポワレはコルセットを追放した「モードの革命家」として名乗りをあげるものの、実際には女性の身体をコルセットから解放するばかりか、むしろドレスのシルエットにこだわりを見せたが故に、身体を拘束するデザインを手掛けることも多かった。一方、ヴィオネはキュビスム（立体派）の影響を受け、「バイアス・カット」の考案によって、幾何学的なパターン構成によるドレープ豊かなデザインを生み出した。身体を自然になぞる彼女のドレスは、真にコルセットを女性から外していくものだった。しかし、相反する彼らのデザインのアイディアにキモノの存在が少なからずあったことは、これまでの服飾研究からも明らかである。洋服とは全く異なる、直線的・平面的構成、肩から羽織るというキモノの特徴を、彼らはそれぞれの解釈でデザインに反映させていた。ポワレやヴィオネだけではなく、パキャンや他のクチュリエたちのあいだでも、日本のキモノに関心がもたれていたことは、当時の作品を見れば一目瞭然である。さらに同時代、女性の社会における状況変化の中で、シンプルかつ機能的なデザインで、ヴィオネらと共に現代衣服の源流を築いたシャネルも、ジャポニスムと無縁ではない。機能主義的なデザイン志向へと歩みが進んでいく時代の中で、彼らの現代衣服への一側面に、日本のキモノに見られる汎用性の要素が結びついたのである。

一九二〇年代、今度はキモノを着ていた日本人が、洋服を本格的に受け入れる時代を迎えることになる。以前より西欧文化の受容によって、既に和洋折衷の生活が始まっていた中で、多くの女性たちに日常の装いとして洋装を広めるための洋裁学校が相次いで開校された。日本の洋装は、洋服の作り方、装いの仕方を教授する洋裁学校によって導かれていったのである。途中、大戦の混乱期に洋装化の波は戦時服へと軌道変更を余儀なくされるが、戦後、日本の洋装界は世界のモード界へ歩みをすすめていくことになった。

戦後、日本の洋裁雑誌「装苑」「ドレスメーキング」等は、アメリカ・ファッションを中心に、フランス・

モードも取上げながら、毎月最新のファッション情報を若い女性たちに提供した。そして一九四七年のディオールの「ニュールック」も遅ればせながら日本に伝えられ、のちにディオール旋風を巻き起こすことになった。一九五三年にはディオール・メゾン一行が来日し、初めて日本でディオール・コレクションが開かれ、オートクチュールの世界を目の当たりにすることになる。以降、ディオールと共に「ラ イン時代」を築いたピエール・カルダン、ピエール・バルマンらも来日し、オートクチュールの技術を伝え広めることになった。

しかし、日本はある課題を抱えていた。それは洋装導入以来、欧米モードの模倣をしてきたことで、日本の衣文化が失われていったことだった。欧米人と身体のプロポーションが異なるにもかかわらず、同じ装いをしていたのもおかしなことだった。そのことに気付かせてくれたのがディオールだった。彼は「日本の女性はキモノの美しさを忘れないでいただきたい」というメッセージを、洋裁教育の第一人者である杉野芳子に託していた。

一九六〇年代、時代はさらに変わっていく。欧米も日本も、若者たちによる反体制感情が社会を動かし、ファッションも含めたサブカルチャーが注目を集めるようになっていった。オートクチュールもまた時代の転換期を迎えていた。オートクチュールだけがトップモードとして君臨していたこれまでの業界構図に異変が起きていく。そこには大衆社会を背景に予てからのプレテポルテへの兆しと、アンチ・モードも含めたモードの多様化現象があった。日本でも高度成長と共に既製服業界の躍進もあり、かつての家庭洋裁も衣生活に不可欠なものから趣味へと様相を変えていった。

七〇年代は、日本人デザイナーによる日本モードが世界へ向けて発信された時代だった。六〇年代、既にニューヨークで活躍していた森英恵は、一九七七年、オートクチュールにアジア唯一の日本人会員として迎えられた。そしてプレタポルテでは高田賢三、三宅一生、続いて川久保玲、山本耀司が相次いでパリコレデビューを果たしていった。彼らは「日本人デザイナー」として注目され、東洋と西洋が出会い、またそれを超えていくデザインを、独自の姿勢で生み出していった。

現在、オートクチュールに日本人会員はいない。しかし、いまも日本のデザイナーたちは、素材、構造、技術、デザインといった衣服の要素と、それをまとう人間との関係を、現代社会とメディアとの狭間で問い続けている。その姿勢と作品は、今後も世界で評価され続けていくだろう。


オートクチュールの危機が叫ばれて久しい。メディアでは、ジャーナリストたちが「いま、オートクチュールに求められているのは……」と常套句のように書きたて、一方で「オートクチュール復活か？」と報じてみたりする。しかし、それらの多くは一時的な現象を一面的に捉えたレポートにすぎない。そのような状況下で、本書『オートクチュール』は、改めてオートクチュール再考の機会を与えるものになるだろう。さらに、実はこの邦訳の計画が進められていた最中、本書に序文を寄せたフランス・クチュールおよびクチュリエとクレアトゥールのプレタポルテ連盟会長ディディエ・グランバック氏が二〇〇九年二月、日本のある新聞社のインタビューで衝撃的な発言をしたのである。「パリコレクションのプレタポルテのショーはもう必要ない。」これは深刻な景気後退とプレタポルテのネット販売拡大を示唆する上でのことだが、「古くからある、最も伝統的な意味でのオートクチュールは、時の流れに抗して存続していくであろう」(本書序文)ことを今後のモード界の行く末を含めて改めて明言したものだった。これはまた、一着のドレスに対して、職人の手仕事と時間のプロセスを重んじてきたオートクチュールの伝統とその意義を、現代社会においてみずから再認識し、われわれにも問いかけているのである。

いま、世の中がスピード化し、グローバル化する時代に、改めて時間の質が問われ、アイデンティティが求められている。そう思うと、モードの世界において、オートクチュールは時代に流されることなく、その神髄を守り続けてきたといえる。それはパリコレクションの公式参加数や、その顧客数の増減によって評されるものではない。オートクチュールがモードのビジネスと流行のシステムを担ってきたのも、その存在自体、いつの時代にも守るべきものを守ってきたという証である。

オートクチュールに影響を与えてきた日本は、いまやさまざまな意味で世界から注目される「ファッション王国」となった。しかし、かつて日本にもオートクチュールにひけをとらない究極のモードがあったことを忘れていないだろうか。一級の素材と手仕事の職人技術、そして創造的に秀でた意匠という衣文化の遺伝子が途絶えることがないよう、いま再び「まとう」ということを考えていかなければならない。

訳者あとがき

本書は François-Marie Grau, *La haute couture*（coll. « Que sais-je ? » n°3575, PUF, Paris, 2000）の全訳である。

著者フランソワ＝マリー・グローは一九六五年生まれ、グランド・ゼコールのひとつパリ政治学院出身というエリートで、卒業後は、一貫して服飾関係の仕事に携わり、二〇〇五年、四十歳の若さでフランス婦人プレタポルテ連盟事務局長に就任した。現在はフランス服飾産業連合副会長の要職についている。ほとんどの世界大会や国際シンポジウムに招かれ、その場の彼の発言はつねに注目を集めているようだ。グロー氏はまた、ＥＳＩＶ（パリ一三区）やＭｏｄ' Ｓｐé（パリ九区）など著名な服飾専門の教育機関において経済学を講じるなど教育者としても活躍している。著作では、本書『オートクチュール』の他、同じクセジュシリーズの中の『服飾産業』（一九九六年）『コスチュームの歴史』（二〇〇七年）があり、また、小説家としての顔もある（『Mes amours mécaniques』、一九九〇年）。

さて原著および翻訳について簡単に触れておきたい。装いというものに対する一般の関心の高さという点で、わが国はおそらく世界のトップレベルにあるといってよいであろう。メディアの報道ぶりや関連雑誌の多さも示しているように人びとのブランドへの関心も非常に高い。また創作の方でも、森英恵を筆頭とする世界的なクチュリエを何人も輩出する他、有名無名取り混ぜて優れたデザイナーも数限りない。ところが一方、このような服飾に対する一般の関心の高さにもかかわらず、衣料を廻る様々の文化を意識的にとらえ、系統的な知識を得ようとすると、この要求に充分な答えを提供してくれる情報源はそう多くはないのが現実である。とくに本書の主題のオートクチュールという制度に関しては、情報を概括的に論じた本はあまり見当たらないのである。本書の翻訳を思い立った理由はいうまでもなくこうした現実にある。

では、本書『オートクチュール』は果たしてこういう要求に充分応える内容をもっているであろうか？答えはもちろん、序文においてグランバック氏がはっきり述べているように、〝ウイ〟である。著者は第一章でオートクチュールというシステムの概要、このシステムの成立から発達まで、時代背景と絡めてわかりやすくコンパクトにまとめており、本書を読むことによって読者は、今までベールに包まれて見えないでいた、オートクチュールの大まかな実情を知ることができるのだ。グロー氏の経歴、ポジションをみても、このシステムの内側を論じるには最適任者といってよく、それだけこの本の信頼性は高いといえる。

装いの美に惹きつけられる女性なら誰もが憧れるオートクチュールの超大物たちが続々と登場する第二章は壮観である。ウォルト、ポワレ、シャネル、ディオール以下そうそうたるクチュリエの面々が名を連ねるこの章は、入門者には最も心踊る部分ではないだろうか。これらビッグネームが活躍した時代や創作の特徴などこれほど端的にまとめられた本はあまりないのではないかと思われる。その意味からすると、読者は、オートクチュールの国を旅する上で信頼できるガイドブックを手に入れたことになる。著者の言い方にならい、こういっても良いかも知れない、「誰もがオートクチュール国の住人になれるわけではないが、この国を旅行するのは誰にでもできる」と。

もう一つ本書のよいところを宣伝しておきたい。それは、巻末に付録として置いた「オートクチュール規約」および「オートクチュールの組合組織」であって、今後、オートクチュールについて論じようとする人、あるいは、この研究に進もうとする人にとって、重宝この上ないリファレンスとなるはずである。容易に見ることのできない貴重な資料であるだけに、これを読むことで得られるメリットは決して小さくはないであろう。

付録につづいて本翻訳の監修者・鈴木桜子の筆になる解説文を掲げた。オートクチュール発祥の国フランスとわが国の服飾文化の関係性をさまざまの角度から分析したもので、両国間には今まであまり知られていなかった衣における影響関係が存在していることを明らかにするなど示唆に富む内容になっている。

本書の翻訳作業を進めるにあたり、白水社編集部の中川すみさん、浦田滋子さんのお二人から多大なご厚意と貴重なご助言を賜った。厚く御礼申し上げる次第である。

二〇一二年四月

中川高行

参考文献

一般的なもの

Bertin C., *Haute couture, terre inconnue*, Paris, Hachette, 1956.

Bourdieu P., *Le couturier et sa griffe: contribution à une théorie de la magie*, Paris, Actes de la recherche en sciences sociales, n° 1, 1974.

Carlier J., *Freddy, souvenir d'un mannequin vedette. Dans la coulisse de la haute couture parisienne*, Paris, Flammarion,1956.

Delpierre M., *Le costume: haute couture 1945-1995*, Paris, Flammarion, 1997.

De Marly D., *The history of Haute Couture, 1850-1950*, London, BT Batsford Ltd, 1980.

Du Roselle B., *Un siècle de couture parisienne*, Paris, Éditions Léonard, 1976.

Ferré G., *Lettres à un jeune couturier*, Paris, Balland, 1955.

Grau F.-M., *Histoire du costume*, Paris, PUF, 1999.

Grumbach D., *Histoires de mode*, Paris, Seuil, 1993.

Henin J., *Paris haute couture*, Paris, Éditions Philippe Olivier, 1990.

Jacobs L., *Haute couture*, Paris, New York, Londres, Éditions Abbeville, 1995.

Lipoventsky G., *L'empire de l'éphémère, la mode et son destin dans les sociétés modernes*, Paris, Gallimard, 1987.

Miyake I., *Body works*, Tokyo, Shogakukan publishing, 1983 et *East meets west*, Tokyo, Heibonsha Ltd, 1978.

Rennolds Milbank C., *Couture: les grands créateurs*, Paris, Éditions Robert Laffont, 1985.

Romain H., *Simple mais couture: voyage au pays de la mode à l'usage de ceux qui n'y connaissent rien*, Paris, Plon, 1989.

Salvy C., *J'ai vu vivre la mode*, Paris, Fayard, 1960.

Simon P., *La haute couture, monographie d'une industrie de luxe*, Paris, 1931.

Vaudoyer M., *Le livre de la haute couture*, Paris, V&O Éditions, 1990.

Veillon D., *La mode sous l'Occupation*, Paris, Payot, 1990.

Worth G., *La couture et la confection des vêtements de femmes*, Paris, Chaix, 1895.

Worth J.-P., *A century of fashion*, Boston, Little Brown and Co., 1928.

伝記

Benaïm L., *Yves Saint-Laurent*, Paris, Grasset, 1993.

Chapon F., *Mystères et splendeurs de Jacques Doucet, 1853-1929*, Paris, Jean-Claude Lattès,1984.

Charles-Roux E., *L'irrégulière ou mon itinéraire Chanel*, Paris, Grasset, 1974, および *Le temps Chanel*, Paris, Éditions du Chêne/Grasset, 1988.

Coleman E. A., *The genius of Charles James*, New York, Éditions Brooklyn

Museum, 1950.
Delay C., *Chanel solitaire*, Paris, Gallimard, 1983.
Demornex J., *Madeleine Vionnet*, Paris, Éditions du Regard, 1990.
Deslandres J., *Poiret*, Paris, Éditions du Regard, 1986.
Dior C., *Christian Dior et moi*, Paris, Bibliothèque Amiot Dumont, 1956.
Giroud F., *Christian Dior*, Paris, Éditions du Regard, 1987.
Guillaume V., *Jacques Fath*, Paris, Adam Biro/Paris, Musées, 1993.
Jouve M. A. et Demornex J., *Balenciaga*, Paris, Éditions du Regard, 1988.
Kamitsis L., *Paco Rabanne, les sens de la recherche*, Paris, Éditions Laffont, 1996.
Manusardi J., *Dix ans avec Pierre Cardin*, Paris, Fauval, 1986.
Morais R., *Pierre Cardin, the man who became a label*, London, Bautam Press, 1991.
Morand P., *L'allure Chanel*, Paris, Hermann, 1976.
Palmer White J., *Poiret le magnifique: le couturier de la Belle Époque*, Paris, Payot, 1986.
Pochna M.-F., *Christian Dior*, Paris, Flammarion, 1994.
Poiret P., *En habillant l'époque*, Paris, Grasset, 1974.
Schiaparelli E., *Shocking life*, London, JM Dent & sons Ltd, 1954.

Éditions Assouline社の「Memoire de la mode」コレクションには，シャネル，ポワレ，バレンシアガ，ヴェルサーチ，スキャパレリ、チャールズ・ジェームズ、ランヴァン、ディオール，ヴィオネ，ヴァレンティノ，ジャン=ポール・ゴルチエ，クリスチャン・ラクロワ，イヴ・サン=ローランなどの有名デザイナーに関する多くの研究論文がある。

インターネットサイト（2012年現在）

http://www.modeaparis.com
フランス・クチュール・プレタポルテ連盟の公式サイトには，有名デザイナーたちの伝記や，最新コレクションの情報、それにデザイナーたちのサイトのアドレスが数多く掲載されている。

http://www.worldmedia.fr/fashion
デザイナーたちの伝記や，最新コレクションの紹介などがある。

http://www.placedemode.com
「Les 3 Suisses」によって作られたサイト。最新オートクチュール・コレクションを紹介している。

http://www.elle.fr
雑誌『elle』のサイトで，最新オートクチュールショーの紹介をしている。またその動画をダウンロードできるものもある。

http://www.ucad.fr
装飾美術協会のサイトで，モード・テキスタイル美術館の紹介をしている。

http://www.afaa.asso.fr/c-18
（外務省内の）フランス・芸術活動協会サイトで，フランスのファッションを概観できる。

また、パリ市モード・コスチューム美術館、装飾美術協会のモード・テキスタイル美術館，マルセイユ・ファッション美術館，ニューヨーク・ファッション工科大学の美術館，イヴ・サン=ローラン・モード資料センターなどのコレクションには，数多くのオートクチュール作品が保管されている。こういった資料の閲覧もできる。

最後になるが、私に貴重な助力と助言を与えてくれた，フランス・クチュールおよびクチュリエとクレアトゥールのプレタポルテ連盟の会長のディディエ・グランバック氏，幹事長のシルヴィー・ザワスキー氏，技術顧問のフランソワーズ・バナムー氏，それにパリ婦人服モード組合の代表でフランス衣装芸術協会の会計係でもあるクロード・シボン氏に感謝の意を表明したい。

なお、番号6，7，8，12，13，14，16，18のイラストは、装飾美術協会の好意により複製の許可をいただき，掲載が可能となったものである。また、他のイラストに関しても，それぞれのクチュール・メゾンのご好意により，使用の許可をいただいた。

訳者略歴
中川高行（なかがわ・たかゆき）
早稲田大学第一文学部卒業、早稲田大学大学院修士課程修了
専門は近代フランス文学、日仏交流史
現在、東京経済大学講師
主要訳書
『フランス古典料理逸話集』（共訳、イマージュ株式会社）ほか

柳嶋周（やなぎしま・しゅう）
パリ第Ⅷ大学哲学科卒業
主要著書
『カフェ・フランセ』（共著、朝日出版社）

監修者略歴
鈴木桜子（すずき・さくらこ）
杉野女子大学卒業、日本女子大学大学院修士課程修了
専門は近代服装史、近代デザイン史
現在、杉野服飾大学准教授
主要著書
『生活文化論』（共著、朝倉出版）ほか

本書は二〇一二年刊行の『オートクチュール』第一刷をもとにオンデマンド印刷・製本で製作されています。

オートクチュール
パリ・モードの歴史

二〇一二年六月一五日第一刷発行
二〇二五年五月二五日第五刷発行

著　者　フランソワ＝マリー・グロー
訳　者　©中川高行
　　　　　柳嶋周
監修者　鈴木桜子
発行者　岩堀雅己
印刷・製本　株式会社DNP出版プロダクツ
発行所　株式会社白水社
東京都千代田区神田小川町三の二四
電話　営業部〇三（三二九一）七八一一
　　　編集部〇三（三二九一）七八二一
振替　〇〇一九〇―五―三三二二八
郵便番号一〇一―〇〇五二
www.hakusuisha.co.jp
乱丁・落丁本は、送料小社負担にてお取り替えいたします。

ISBN978-4-560-50969-2
Printed in Japan